高职高专"十一五"精品规划教材

中国水利史

主 编 陈绍金

中国水利水电出版社
www.waterpub.com.cn

内 容 提 要

本教材按照防洪治河、农田水利和航运工程三大门类概述了中国水利发展状况，描述了七大江河流域的水利发展历史，提出了中国古代、近代、现代的水文、水力学等基本理论，水利工程的勘测、规划、设计、施工、管理等技术以及水利机具等的历史发展进程，概括了中国防洪史、农田水利史、水利机械史、城市水利史等中国水利建筑历史的主要内容，列举了中国古代、近代的 20 位水利学史上的著名人物，以及近代水利科学研究，近代水利教育等内容，为水利类高职院校学生了解中国水利发展历史提供了真实可靠的历史资料。

本教材可供水利类高职院校学生教学之用，也可供从事水利工作的技术、管理工作者参考。

图书在版编目（CIP）数据

中国水利史/陈绍金主编．—北京：中国水利水电出版社，2007（2021.8重印）
高职高专"十一五"精品规划教材
ISBN 978 - 7 - 5084 - 4544 - 1

Ⅰ．中… Ⅱ．陈… Ⅲ．水利史-中国-高等学校：技术学校—教材 Ⅳ．TV - 092

中国版本图书馆 CIP 数据核字（2007）第 048120 号

书　　名	高职高专"十一五"精品规划教材 **中国水利史**
作　　者	主编　陈绍金
出版发行	中国水利水电出版社 （北京市海淀区玉渊潭南路 1 号 D 座　100038） 网址：www. waterpub. com. cn E - mail：sales@waterpub. com. cn 电话：（010）68367658（营销中心）
经　　售	北京科水图书销售中心（零售） 电话：（010）88383994、63202643、68545874 全国各地新华书店和相关出版物销售网点
排　　版	中国水利水电出版社微机排版中心
印　　刷	北京瑞斯通印务发展有限公司
规　　格	184mm×260mm　16 开本　9 印张　213 千字
版　　次	2007 年 5 月第 1 版　2021 年 8 月第 3 次印刷
印　　数	6001—9100 册
定　　价	**35.00 元**

序

2005 年《国务院关于大力发展职业教育的决定》中提出进一步深化职业教育教学改革，根据市场和社会需要，不断更新教学内容，改进教学方法，大力推进精品专业、精品课程和教材建设。教育部也在《关于全面提高高等职业教育教学质量的若干意见》（〔2006〕16 号）中明确指出，课程建设与改革是提高教学质量的核心，也是教学改革的重点和难点，而教材建设又是课程建设的一个重要内容。教材是体现教学内容和教学方法的载体，是进行教学的基本工具，是学科建设与课程建设成果的凝结与体现，也是深化教育教学改革、保障和提高教学质量的重要基础。

编写高职教材，要明确高职教材的特征，如同高职教育的定位一样，高职教材应既具有高教教材的基本特征，又具有职业技术教育教材的鲜明特色。因此，应具有符合高等教育要求的理论水平，重视教材内容的科学性，既要符合人的认识规律和教学规律，又要有利于学生的学习，使学生在阅读时容易理解，容易吸收。做到理论知识的准确定位，既要根据"必需、够用"的原则，又要根据生源的实际情况，以学生为主体确定理论深度；在教材的编写中加强实践性教学环节，融入足够的实训内容，保证对学生实践能力的培养，体现高等技术应用性人才的培养要求。编写教材要强调知识新颖原则，教材编写应跟随时代新技术的发展，将新工艺、新方法、新规范、新标准编入教材，使学生毕业后具备直接从事生产第一线技术工作和管理工作的能力。编写时不能孤立地对某一门课程进行思考，而要从高职教育的特点去考虑，从实现高职人才培养目标着眼，从人才所需知识、能力、素质出发。在充分研讨的基础上，把培养职业能力作为主线，并贯穿始终。

《高职高专"十一五"精品规划教材》是为适应高职高专教育改革与发展的需要，以培养技术应用性的高技能人才的系列教材。为了确保教材的编写质量，参与编写人员都是经过院校推荐、编委会答辩并聘任的，有着丰富的教学和实践经验，其中主编都有编写教材的经历。教材较好地贯彻了新的法规、规程、规范精神，反映了当前新技术、新材料、新工艺、新方法和相应的岗位资格特点，体现了培养学生的技术应用能力和推进素质教育的要求，注重内容的科学性、先进性、实用性和针对性，力求深入浅出、循序渐进、强化应用，具有创新特色。

这套《高职高专"十一五"精品规划教材》的出版，是对高职高专教材建设的一次有益探讨，因为时间仓促，教材可能存在一些不妥之处，敬请读者批评指正。

《高职高专"十一五"精品规划教材》编委会

2006 年 11 月

前言

"以史为鉴，可以知兴替"。治水是一个古老的课题，在中国几千年的治水实践中，留下了大量的水利和水害的文献和记录，这对于我们解决现代水问题具有重要的借鉴作用。现代水利可以从古代水利中吸取丰富的治水经验和科学养分，古代水利在工程规划方面所体现的自然的哲学认识、人与自然和谐的水利工程科学内涵等都是可持续发展水利的源泉。有鉴于此，我们按照教育部《关于加强高职高专人才培养工作意见》和《面向21世纪教育振兴计划》的精神，根据全国水利水电高职高专教研会审定的高等职业技术教育专业指导性教学计划，经《高职高专"十一五"精品规划教材》编审会议研究，编写了这本教材。本教材力求突出高等职业技术教育教材的特点，着重于教材的实用性、可读性，努力做到通俗易懂，理论联系实践，提高学生的认知能力。本教材可供水利水电类各专业的必修课和选修课之用，也可作为水利部门干部和职工的培训教材及供广大水利工作者参考之用。

本教材由湖南水利水电职业技术学院的陈绍金、刘华平、谢海波、张学伟、方妍、汤平等老师编写。全书由陈绍金教授统稿和主编。

本教材在编写过程当中得到了众多专家学者的热情指导和有关部门的大力协助，有些材料引自有关生产科研、管理单位编写的教材、专著、史稿和文章，尤其引用中国水利百科全书中的《中国水利史分册》资料甚多，在此一并致谢。

由于编者水平有限，书中缺点错误在所难免，望广大读者批评指正，以便改进。

编　者

2007年5月于长沙

目 录

第1章 中国水利史概要

水利史是记述人类社会抵御和减轻水旱灾害，开发利用和保护水资源的历史过程，研究其发展规律以及与社会、政治、经济、文化的关系的科学。纵观人类开发利用和保护水资源的水利活动，大致经历了三个不同的阶段：原始水利阶段，以人适应水的自然状况为特征；传统水利阶段，以人改造征服水资源为特征；现代水利阶段，以人水和谐相处为特征。中国水利的发展和研究已有 2000 多年的历史。我们学习中国水利史，就是要总结中国水利发展的经验和教训，探索水利发展的一般规律和特殊规律，为学习水利这门学科奠定文化底蕴和理论基础。

按照防洪治河、农田水利和航运工程三大主要门类的发展，中国水利史可分为七个发展时期。

1.1 初 步 发 展 期

1.1.1 大洪水及大禹治水的传说

在尧舜时代，中国经历了一场空前浩大的洪水劫难。这场洪水淹没范围遍及黄河中下游和江淮一带，历时长达 20 年。作为各部落拥戴的盟主，尧帝专门召开四方部落酋长会议，研究治理洪水问题。经四方部落首领商议，共同推举夏族的酋长鲧来治理洪水。鲧上任后采用单纯的筑堤御水（堙障）的方法，结果辛苦干了多年，耗费了大量人力物力，毫无成效。舜帝继位后，将治水无功的鲧流放到山东临沂一带杀了，并继续召开部落首领会议，研究怎么对付洪水问题。这次，大家推荐了鲧的儿子禹。禹吸取父亲失败的教训，摸清水势特性，改变了单纯围堵的方法，而以疏导为主。他躬亲实践，用最原始的测量工具，实地勘察，研究水势，带领群众疏通河道，使大水回归河槽流入大海。经过 10 多年的努力，洪水终于消退，平地露出，老百姓又能安居乐业了。禹还带领大家开沟凿渠，引水灌溉，开发耕地，化害为利。禹为人品格高尚，他结婚后第四天就离家去治水，十几年中三次走过家门而不入，赢得了人们的爱戴。在舜去世后，禹就接替他当了部落联盟的总首领，并建立了我国第一个奴隶制国家——夏王朝。

1.1.2 夏、商、周的黄河

夏、商、周三代政治经济中心主要在黄河中下游。黄河下游与海河水系合一，河道自河南北部经河北中部，至天津以南入海。商代已有黄河灾害记录，文献记载黄河第一次大改道发生于周定王五年（公元前 602 年），改道后向东迁移，从今沧州以东入海。战国时期，黄河下游已形成的堤防开始出现决口，其他河流如漳河等也有水灾记载。

1.1.3 先秦的农田水利

黄河中下游旱涝灾害频繁。相传，商代初年（约公元前 16 世纪）有持续 7 年的大旱。

西周后期（公元前 9 世纪中期）有一些大旱，人口大量死亡，涝渍和土地盐碱灾害较普遍。商代已有引水灌田的记载。周代实行井田制，把 900 亩土地划分为井字形的 9 个区，区间有沟渠和道路，形成了排灌系统。春秋时期，地区的土地开发规划包括：修筑蓄水和防水堤塘，划定排水区；利用沼泽，划分平原耕地为井字形等。春秋楚庄王时（公元前 600 年），形成农田灌溉工程。稍后，有芍陂（今安徽寿县安丰塘）大型塘堰灌溉，淮河流域陂塘水利大为发展。战国初年，魏文侯变法，西门豹为邺（今河北临漳西南 20 公里）令，修建了漳水十二渠，淤灌斥卤土地。《周礼·职方氏》分全国为 9 州，指出 7 州"宜种稻"，并列出各州灌溉区，例如太湖流域、长江中游漳河流域、汉水唐白河流域、淮河汝水流域，关中的渭水、洛水流域，涞水、易水流域以及山东的淄水、时水流域等。

植物生长必须有雨露的滋润，但自然降雨往往并不能与农作物的需要完全协调，因此，农业是离不开灌溉的。在火耕水耨阶段，放火烧荒之后，需要引水灌田，才能松解、湿润和肥沃土壤，即所谓"烧薙行水，利以杀草；如以热汤，可以粪田畴，可以美土疆"。[1] 种子下地之后，若遭天旱，难免也要"负水浇稼"[2]。起初，灌溉大约是依靠人力提水。而当农业进一步发展，种植面积不断扩大以后，单纯用人力提水灌溉，就不能满足需要了。那时，人们在实践中受到水往低处流的运动规律的启发，开渠引水灌溉。相传在大禹治水的时候，禹也"尽力乎沟洫"[3]，《国语·周语》记述太子晋说，禹曾"决汩九川，陂障九泽，丰殖九薮，汩越九原……能以嘉祉殷富生物也"。这应当包括原始的农田水利工程。据说由于有了当时的防洪水平，在卑湿的黄河下游地区推广了种稻。到了奴隶社会，农田灌溉有了进一步的发展。

根据我国古代文献记载，早在夏商时期，我国人民就已开始在做农田规划，并已经注意到灌溉水源问题了。相传周族很早以前就是一个善于从事农业生产的部落。周族的始祖后稷"好耕农，……为农师"。[4] 后稷的曾孙公刘，是周族一个著名的首领[5]，那时周族从邰（今陕西武功一带）迁到豳（音"bīn"）居住，豳地即今陕西彬、旬邑一带，靠近泾水。他们到了那里以后，登上山岗，借助日影，选择向阳的地方居住和耕种。他们还特别对水源情况进行了调查，并作出了农田灌溉的规划。《诗经·大雅》上有一篇《公刘》的诗，叙述了他们当时择地居住，发展灌溉的情况。诗中说："笃公刘，既溥既长，既景（影）乃岗，相其阴阳，观其流泉，其军三单，度其隰原，彻田为粮。"对于"观其流泉"，郑玄注解说："流泉浸润所及，皆为利民富国"，这显然指的是给水及引水灌溉。不过《诗经》只提示了这样一个简单的线索，至于当时的灌溉工程的具体情况，就不很清楚了。

到了商代，沟洫工程开始有了文字记载。那时的土地占有制后来被称为井田制。井田即方块田，在甲骨卜辞中作田、囲、围、囲等形状，把土地按一定面积作整齐的划分，为

---

[1] 《礼记·月令》。
[2] 《齐民要术·种谷第三》引《氾胜之书》。
[3] 《论语·泰伯》。这里的"沟洫"是广义的，即指水利。
[4] 《史记·周本纪》说，公刘的时代相当于夏朝中期，据《国语·周话下》灵王二十二年、敬王十年卫彪傒说及韦昭注，还有《史记·周本纪》"子不窋立"下《索隐》及《正义》注都推断公刘时相当商代。
[5] 同[4]。

的是便于监督奴隶劳动，强迫奴隶们完成定量的生产。这种被划分为比较整齐的方块形式的田地，类似井字，就称为井田。井田中的灌溉渠道，布置在各块耕地之间。在殷墟发掘的商代甲骨文中有一个甽字❶，是后来的畎字。从其原始字形判断，甽从田、从川，即田边的灌溉沟渠。另外有甾字，有人考证也是甽字❷。可见，至迟在商代，我国已有了农田灌溉渠道。

到了西周，沟洫工程有了发展，技术水准也有了新的进步。《诗经》上就有关于灌溉的记载，例如："滮池北流，浸彼稻田。"❸ 据汉人郑玄等考证，滮池是渭水支流滮水的上源，在咸阳县南，滮水自南向北注入渭水。当时西周的都城在丰镐，即今西安西南，滮池正在都城附近。用滮水"浸彼稻田"当是稻田灌溉。

当时的沟洫布置，在《周礼·稻人；遂人》❹ 中有所记载："稻人，掌稼下地，以潴蓄水，以防止水，以沟荡水，以遂均水，以列舍水，以浍泻水。""凡治野，夫间有遂，遂上有径，十夫有沟，沟上有畛；百夫有洫，洫上有涂；千夫有浍，浍上有道；万夫有川，川上有路，以达于畿。"❺ 《考工记·匠人》❻ 也有记述："匠人为沟洫，耜广五寸，二耜为耦，一耦之伐，广尺、深尺谓之甽畎，田首倍之，广二尺、深二尺谓之遂。九夫为井，井间广四尺、深四尺谓之沟。方十里为成，成间广八尺、深八尺谓之洫。方百里为同，同间广二寻、深二仞谓之浍，专达于川。"❼

这里所说的浍、洫、沟、遂、畎等都是渠系中的逐级渠道，和今天将渠系中的渠道分为干渠、支渠、斗渠、农渠、毛渠相类似。其中"沟"的作用是引水、输水，即所谓"荡"；"遂"的作用是分配灌溉水到田间，即所谓"均"；"列"则是停蓄灌溉水的田间垄沟，即所谓"舍"，也就是"施舍"，"施灌"的意思；"浍"则是起排泄余水的作用，无疑是排水沟。而"专达于川"则是渠道与河流相接，从河中取水或排水入河的意思。可见，在西周时期的井田上，不仅有灌溉渠道，而且有排水渠道，形成了有灌有排的初级农田灌排系统。上面所引用的两段文字中不同等级的渠道数目不同，名称也不完全一样，正说明这些规划只是些原则性的说法，渠系的实际布置，当视具体地形情况而定。值得注意的是"以潴蓄水，以防止水"的工程。所谓蓄水为潴，是储存灌溉水的陂塘，而所说止水的防则是堤防，如果塘四周加土堤，它可以增加陂塘蓄水量，也可以抬高蓄水水位，扩大灌溉面积。这是原始的蓄水工程。蓄水工程和灌排结合的渠系工程的出现，标志着西周沟洫工程的新水平。据前面引用的《考工记·匠人》和《周礼·稻人；遂人》，可见工程也有相当的规模，但实际规模比起以后的渠系工程来说则不大，农业生产还不得不更多地依靠自然降雨。殷代甲骨文中就有许多奴隶主预卜降雨情况的卜辞，例如"巳酉卜，黍年，有足

---

❶ 《殷墟书契前编》卷四，第12页。

❷ 见张政烺，《卜辞裒田及其相关诸问题》，载《考古学报》，1973年，第1期。

❸ 《小雅·白桦》。

❹ 《周礼》是战国时期的作品。

❺ 《殷墟书契前编》。

❻ 《小雅·甫田》。

❼ 《小雅·大田》。

雨"，"庚午卜贞，禾有及雨，三月"。❶《诗经》中也有不少祈祷降雨的诗歌，例如"琴瑟击鼓，以御田祖，以祈甘雨，以介我稷黍。"❷"有渰萋萋，兴雨祈祈，雨我公田，遂及我私。"❸从这里大致可以看出当时农业对自然降雨的依赖程度，反映出农田水利工程还处于较低的水平。

在社会大变革的春秋战国时期，社会生产力高速发展，沟洫系统逐渐被灌排渠系所取代，仅相当于渠系的田间系统。农田水利工程进入了一个新的发展阶段。

在春秋时期，铁农具逐渐推广使用，《国语·齐语》中记载有管仲的话说："美金以铸剑戟，试诸狗马；恶金以铸钼夷斤欘，试诸壤土。""美金"指的是青铜，用来制造武器，"恶金"指的是铁，用来铸造生产工具。到了战国，铁农具的应用已经普遍。《管子·海王》载："今铁官之数日，……耕者必有一耒、一耜、一铫，若其事立。"说明那时每户农民都有一铲、一犁和一柄大锄头。《管子·轻重乙篇》也有类似的记载。铁制工具的使用，私田的开辟加上牛耕的推广，使社会生产力大发展，劳动生产率大为提高，给落后的井田制以有力的冲击。在奴隶起义的打击下，面对私田日益增多的事实，各诸侯国统治者不得不相继进行某些改革。例如公元前 594 年，鲁国开始实行"初税亩"❹，即不分公田、私田，一律按土地面积征税。新的土地占有关系破坏了原有的井田制，也打乱了井田上的沟洫工程，从而提出了兴建新的较大规模的渠系来适应农田灌溉的需要。历史记载中，我国较大型的渠系工程就是在这种背景下出现的。

我国最早的渠系工程是淮河流域上的期思雩娄灌区，它是楚国孙叔敖主持在公元前605 年左右修建的。《淮南子·人间训》记载："孙叔敖决期思之水，而灌雩娄之野。"❺期思之水当是今天的史河和灌河，这个灌区在今河南固始一带，相当于中华人民共和国成立后新建的梅山灌区中干渠所灌的地区。《后汉书·王景传》还说孙叔敖曾在现在的安徽寿县修建芍陂。还有的记载说他在今湖北江陵一带兴修过水利。公元前 548 年，楚国令尹屈建叫蒍掩（孙叔敖的孙子），根据当时的制度，"数疆潦，规偃潴，町原防，牧隰皋，井衍沃……"❻把水利建设摆在重要地位。类似的例子郑国也有。公元前 563 年，"子驷为田洫，司氏、堵氏、侯氏、子师氏皆丧田焉"，❼"为田洫"即兴建灌溉系统，这次土地的调整和灌区的改革，侵占了邻近奴隶主的田地。土地所有制变革和其上的渠系建设是密切相关的，变法革新促进了水利事业的发展。魏国的情况是个典型的例子。

战国初年，魏文侯任命李悝主持变法。变法的一个重要内容是地主阶级运用政权的力量对旧的土地所有制进行改造，并兴建新的灌溉渠系。据后人传说：李悝"以沟洫为墟，自谓过于周公"❽。超过经营奴隶制盛世的周公，从社会发展的意义上说并非虚言。漳水

---

❶ 《殷墟书契前编》。

❷ 《小雅·甫田》。

❸ 《小雅·大田》。

❹ 《春秋·宣公十五年》。

❺ 期思，汉县，故城在今河南固始县西北。雩娄，汉县，故城在今安徽金寨县北。古代雩娄、期思二县相接境，一在史、灌河上游，一在史、灌河下游。春秋末年的期思雩娄灌区大约就是东汉末年的茹陂灌区。

❻ 《左传·襄公二十五年》。

❼ 《左传·襄公十年》。

❽ 明·董说：《七国考》卷二。

十二渠是这次变法运动中兴建的新型的规模较大的水利工程的代表。

漳水十二渠（又称西门渠）在魏邺地，即今河北磁县和临漳县一带。邺地正处在漳水由山区进入平原的地带，由于地形和降雨的关系，漳河洪水有暴涨猛落的特点，因而经常泛滥成灾，当地土豪和巫婆勾结起来，利用洪水灾害，搞祭河神的勾当。借机横征暴敛，坑害人命，引起当地老百姓强烈的不满和反抗。公元前 422 年，当地人民群众在新派来的县令西门豹的领导下，狠狠打击了土豪势力和迷信活动，并兴建了防洪和灌溉工程，"凿十二渠，引河水灌民田，田皆溉"，❶ 这就是著名的漳水十二渠。

漳水十二渠是有坝取水，而且是多渠口取水。《水经·浊漳水注》记载：曹魏时，"二十里中作十二墱，墱相去三百步，令互相灌注。一源分为十二流，皆悬水门"。墱的意思是梯级，就是近代的低滚水堰。12 个堰，12 个口，12 条渠，渠口都有闸门控制，这虽是后代的情况，但大都是沿袭战国时的故制，《史记·滑稽列传》记载："西门豹即发民凿十二渠，引河水灌民田"，战国时已有十二渠。到了汉代，有人想将十二渠合并，老百姓强烈反对，可见当时漳水十二渠效益十分显著。漳河水含有大量的细颗粒泥沙，有机质肥料十分丰富，引水灌田不仅可以补充作物需水，并且能够填淤加肥，原来遍布于两岸的盐碱地也因而得到了改良。自从修了漳水十二渠，邺的田地"成为膏腴，则亩收一钟"❷。水利的开发加速了农业的发展，此后从西汉直到隋唐，这一带都是我国重要的政治经济地区。除漳水十二渠之外，战国期间兴修的著名水利工程还有四川的都江堰以及陕西的郑国渠等。

1.1.4 先秦的航运

春秋时期，黄河中游干支流已有大规模船队航行记录。《尚书·禹贡》描述了战国以前以黄河为主，沟通江、淮、河、济的水道网，辅以海运和陆运。

春秋后期开始有人工运河记载，江汉之间，江淮之间，太湖、长江、钱塘江之间，济水、淄水之间都出现了半人工运河。有确切记载的是鲁哀公九年（公元前 486 年）吴王夫差沟通江淮的邗沟，其后 4 年沟通泗水及济水的菏水，黄河和淮河间实现通航。战国中期，魏惠王开鸿沟，引黄河水至大梁（今河南开封），南经涡、颍通淮水，大梁东又可经泗水通淮河，形成了黄淮之间的又一水道网。

1. 最早的人工运河

春秋后期，奴隶反对奴隶主的阶级斗争空前激烈地展开，社会处于大变动时期，政治和经济改革，以及军事争夺的需要，使人们提出了开挖人工运河的要求，以克服天然河流本身条件的限制，扩大水运交通。人工运河相继出现。历史记载中最早的一条人工运河是春秋时修在当时的陈国和蔡国之间，陈国的国都在今河南淮阳，而蔡国的国都则在今河南上蔡，那时淮阳和上蔡又分别紧临淮水的两条支流——沙水和汝水，但陈蔡之间的水运却需要经过淮河，向东南绕上一个大圈子。于是他们在沙、汝水之间开挖一条人工运河，"通沟陈蔡之间"。这条运河究竟在什么位置，史实已不可考。但运河似乎并不宽大，大约不久以后就被埋废而不再为人们所提及。

---

❶ 《史记·魏世家》：魏文侯"二十五年，……任西门豹守邺，而河内称治。"

❷ 《论衡·率性》。

2. 原始的天然河流航行

相传在原始社会，为了渔猎的方便，人们用石斧、石刀"刳木为舟"。商代甲骨文中早已有舟字（见图1.1）。以舟为部首的般字像人拿着楫撑船。到了西周，出现了水上运输。《诗经·国风·河广》上说："谁谓河广，一苇杭（航）之。"最早见于历史记载的殷盘庚涉河迁都，武丁入河，水运已有一定的规模。到了西周初年，大约距今3000年的时候，传说周武王伐纣时，曾率5万名士兵，300乘战车在孟津横渡黄河❶。还有武王的曾孙昭王，也曾进兵到今湖北一带，相传在渡汉水的时候，当地老百姓有意给他一种仅用

图1.1 有舟字的卜骨

胶把船板黏结起来的船。这样，"王御船至中流，胶液船解。王及祭公俱没于水中而崩"❷。从这件事情中，我们可以约略地看出，当时造船技术已有一定的水平。而且天子出征，兵员自然不少，相信当时汉水一带已有较多的船只❸。

春秋时期，经济的发展和大国兼并战争对水上交通提出了新的要求。著名的"泛舟之役"就是一次大规模的水上运输❹。那是在公元前647年，晋国发生了大饥荒，秦国援助了大批粮食。当时晋国都城绛在今山西翼城东，秦国都城雍在今陕西风翔南，水运可以从渭水到黄河，溯黄河而北入汾水，达于绛。由于运粮的数量大，渭水、黄河、汾水的船只络驿不绝，可见当时水运已有可观的规模。北方水运尚且如此发达，在湖泊密布，河流纵横的江淮地区，更有便利的水运条件。在春秋末期吴楚水军作战，就常常在长江和淮河中进行。除水军作战外，越国大夫范蠡弃官经商，"乘扁舟，出三江，入五湖"❺，从事水上贸易。然而天然河流并不都是有航行条件的，即使可以行船，而相邻河流间往往不相联通，航运范围受到限制。

1.1.5 先秦水土资源的开发及水工技术的创始

春秋战国时，人们对水土资源的分布，土壤的种类、肥瘠及适应作物，灌溉水质的优劣，地下水埋藏深度都有初步认识；对水流理论，灌溉渠系的设计、测量方法、施工组织以及堤防维修、管理也都留有一些记载。

记载这一时期的著作有通史性的文献《史记·河渠书》，其他如《尚书·禹贡》、《周礼·职方氏》、《管子·度地》等，也散见于先秦文献及地表、地下的遗物。

---

❶ 《史记·周本纪》。

❷ 《史记·周本纪·正义》引《帝王世纪》。

❸ 《吕氏春秋·音初》。

❹ 《左传·僖公十三年》载："秦于是乎输粟于晋，自雍及绛，相继。命之曰泛舟之役"。

❺ 《吴越春秋》卷十。

1.2 以黄河流域为主的发展期

秦汉统一中国后的封建社会早期，农业经济蓬勃发展，水利事业相应发展，重点是黄河中上游西北水利的开发、黄河下游的治理以及开辟沟通江淮的运河，形成水利事业发展历史上的一个高潮期。

1.2.1 秦代三大水利工程

秦灭周（公元前256年）后相继兴修了都江堰、郑国渠两大灌溉工程，秦国因此富强，吞并了六国，又修灵渠统一岭南。汉代，特别是西汉武帝时期，渠灌水利建设得到大力发展。

1. 郑国渠

古代水利工程中著名的郑国渠是秦始皇元年（公元前246年）动工兴建的❶。郑国渠之所以著称，除了它规模大、兴建时间早以外，还由于它对增强秦国的经济实力和完成统一大业有着直接的关系。

迄至都江堰兴建为止，秦国的强盛与日俱增，特别是在秦庄襄王三年（公元前247年），秦攻取河东，设置了太原、上党二郡，至此，东方诸强国均受挫败，秦统一六国的条件日臻成熟。在这东方诸国处于危急之时，韩国更首当其冲，但又无可奈何，遂使用"疲秦"之计，派郑国劝秦国开挖大型灌溉工程。韩以为在开挖这大型渠道过程中，秦会疲惫不堪，因而无力东伐，秦果然中计。在渠道施工中，此计被秦发觉，秦欲杀郑国。郑国此人颇有胆略与远见，他对秦王说，修此渠道只能"为韩延数岁之命，而为秦建万世之功"❷。秦认为有理，因而继续施工。经成千上万的人民群众艰苦劳动，花了十多年的时间，渠道终于建成，并以郑国的名字命名为郑国渠。表面看来，这似乎是一件偶然事件，其实韩国的"疲秦"之计只不过是一种外因罢了。修建郑国渠的根本原因在于秦的本身，那就是为了实现统一准备物质条件的需要。

郑国渠是怎样的一条渠道，它的引水口及干渠渠线位置在哪里，它有哪些主要的工程技术措施，它的经济效益到底有多大？对这些问题《史记》、《汉书》及《水经注》都有所记载，但都很简略，因此，后人对它的认识理解也不尽相同。《史记·河渠书》记述如下："凿泾水自中山西邸❸瓠口为渠，并北山，东注洛，三百余里，欲以溉田。……渠就，用注填阏之水，溉泽卤之地四万余顷，收皆亩一钟。于是关中为沃野，无凶年。秦以富强，卒并诸侯，因命曰郑国渠。"原始记载表明，郑国渠干渠渠首段在中山和瓠口间。据唐代地理书《括地志》记载："中山即仲山，在云阳县（在今泾阳县西北30里）西十五里。"瓠是云阳县城北的一个薮泽名称，也就是说，渠首段起自云阳西15里的仲山，止于云阳城北的薮泽。以往对此解释分歧不大。有人认为，今泾阳县王桥乡木梳湾西南的泾河东岸，尚有古渠一段，这一段古渠可能就是当年郑国渠的渠首段。至于郑国渠引泾渠口是否

---

❶ 《史记·六国年表·徐广注》。

❷ 《汉书·沟洫志》。

❸ 邸与抵同，即到的意思。

建有堰、坝之类的壅水建筑物，后代曾有记述，明代张缙彦认为，秦代郑国渠引水口筑有石滚水坝。其实，石滚水坝是元代的制度❶，对此黄盛璋、吴汝祚在《关中农田水利的历史发展及其成就》一文中已指出。关于郑国渠引水口处的堰坝的记载最早见于宋代，但秦代是否已有此类建筑物，有待研讨。

渠首紧接输水干渠。对于郑国渠的干渠经行，《水经·沮水注》的记载比较细致（见图 1.2），其大致方向是，干渠自渠首段向东，横穿冶峪水、清峪水，尔后又汇纳浊峪水，其下利用了一段浊峪水的河道。干渠再向东，横穿漆沮水（石川河），此后即循沮水分支河道，经富平县南，东北注入洛水。《水经·沮水注》记载："凿泾引水，谓之郑渠。渠首上承泾水于中山西瓠口，所谓瓠中也。……渠渎东径宜秋城北，又东径中山南，……郑渠又东径舍车宫南，绝冶谷水。郑渠故渎又东径嶻嶭山南、池阳县故城北，又东，绝清水。又东径北原下，浊水注焉。自浊水以上，今无水。……又东历原，径曲梁城北，又东径太上陵南原下，北屈径原东，与沮水合。……沮循郑渠，东径当道城南，……又东径连勺县故城北，……又东径粟邑县故城北，其水又东北流，注于洛水也。"有人指出，郭守敬《水经注图》所绘郑国渠入洛地点有误，据当地地形判断，郑国渠入洛应在杨图所绘入洛点之南 100 多里的地方，如图 1.3 所示。

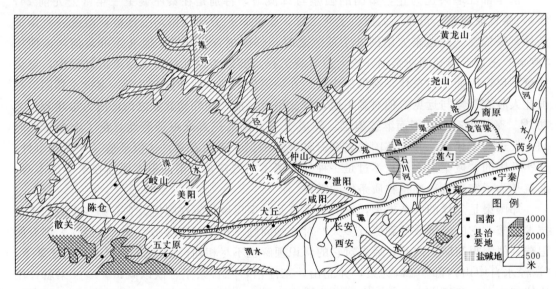

图 1.2 关中地形与河流

郑国渠引泾水东注洛水，干渠东西长 300 余里，其间横穿几道天然河流，因此无论是 300 里长的干渠的测量施工，渠系的布置运用，还是灌水的组织管理，都要具有相应的技术水准才行，干渠的渠线选择就很科学。根据现代的实地调查，郑国渠干渠渠线布置在渭北平原二级阶地的最高线。干渠自西向东布置在高处，位于干渠南部的整个灌区都在它的控制之下，这就保证了支渠以及其他下级渠道的自流引水，从而获得了尽可能大的灌溉面积。根据调查结果推算，当年郑国渠干渠平均坡降约为 0.64‰。干渠渠线的选择合理地

❶ 李好文，《长安志图》。

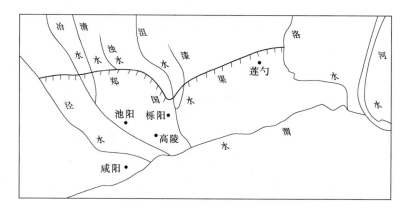

图 1.3 郑国渠干渠经行略图

利用了当地的地形条件，显示了较高的测量和引水技术水准❶。

干渠横穿（即《水经注》所说的"绝"）天然河流的技术措施，是渠系工程中又一困难问题。有关郑国渠横穿诸水的办法，缺乏具体记载。而两条水道相互横穿只有平交和立交两种可能。有人认为《水经注》记载的郑国渠"绝"诸水，是与诸水平交，而且平交处并无闸门控制❷。其实，这是难以做到的。因为天然河流水位涨落不定，若无闸门控制，在渠道输水时，遇到河水高于渠水，则河水必然入渠，河水低于渠水，则渠水倒灌河中，渠道无法保证供水，而当渠道停灌时，河水又冲入渠中，必将造成滥灌，渠道自然难以正常运用。那么，可不可能在平交处设有闸门控制呢？以其中年平均径流量最大的沮水为例，其年平均径流量约为 2.35 立方米每秒，而其多年平均最大一日平均洪水流量却高达44 立方米每秒❸。在古代技术条件下，建闸控制实属不易，从记载上和考古上都尚未发现在秦代有这样大型的灌溉闸门。

在人工灌渠和天然河道纵横交错之处，自然平交或建闸控制，虽均无可能，但郑国渠却又确确实实建成畅通，并取得较长时期的效益。从工程技术角度来说，当时或已采取了原始"立交"技术，从而解决了既能彼此隔开，避免干扰，又能各走各道，通流行水。具体工程措施，或是一种原始形态的简易渡槽，这从《水经·沮水注》记述郑国渠"绝冶谷水"、"绝清水"的"绝"的含义本身可以获得证明。遍检《水经注》现存各种版本，历来《水经注》的研究者和注释家，对这个"绝"均无阐释。而在先秦和汉唐古籍及其有关注释中，对"绝"则经常应用，在古代"绝"、"度"、"渡"意义相通。《水经注》所说的"绝"，是指横度或直度，只是当时尚未形成诸如"渡槽"之类的专名，故仍沿用"绝"来表达。一般来说，渠道断面比起天然河流的断面要相对窄些，这种接通郑国渠上下段的渡槽，架设在所穿过的天然河流上面，形成像《水经·渭水注》记述的那种"飞渠"❹。这

---

❶ 李健超，《秦始皇的农战政策与郑国渠的修凿》，载《西北大学学报》，1975 年第 1 期。

❷ 《郑国渠》，陕西人民出版社，1967 年版。

❸ 黄河水利委员会刊印的《黄河流域水文特征值统计》第七册。

❹ 《水经·渭水注》，昆明"故渠又东而北屈，径（长安）青门外，与沇水支渠会。渠上承沇沇水，于（长安）章门西飞渠引水入城，东为仓池，池在未央宫西"。这种"飞渠"，据《陕西通志》解释："明渠入城，必有注下之地中段不接，架空设槽为渠，故称飞渠。"

种"飞渠"技术，应用于当时的国都长安，与郑国渠相距很近，其时约在西汉，上距秦代也不远。而且"飞渠（架槽）引水入城"，其技术难度显然比郑国渠二水之间的立交更大些。这项立交技术，在郑国渠以后的引泾工程上，在宋、金、元各代有关文献中已有所记述，当然，这种交叉建筑物在技术上毕竟比较复杂，因而往往成为渠道正常运行的一个关键，特别是在这种技术应用的初期，更是如此。

还有一个值得注意的技术问题就是"用注填阏之水溉泽卤之地"❶。泽卤之地即盐碱地，填阏之水即高含沙量的河水，"用注填阏之水溉泽卤之地"，就是淤灌技术。泾水含有大量的细颗粒泥沙（据统计，泾水多年平均含沙量高达每立方米 10.1 公斤），这种从陇东高原带下来的含有大量有机质的泥沙，随着灌溉水一起输送到农田里，可以起到改良盐碱化农田的作用，并大大提高土壤的肥力。郑国渠引泾水灌溉，实际上超出了一般灌水的意义，而具有改良盐碱地、施肥和灌水一举三得的好处。

郑国渠建成后，泾水沿着渠道源源不断地灌溉着沿线的大片农田，使原来瘠薄的渭北平原，一变而为"无凶年"的沃野。郑国渠所经的今三原、高陵、泾阳、富平等地的土地得到了灌溉，亩产高达一钟之多，相当于现今亩产 250 斤左右，这大约是整个灌区普遍的产量。因此，司马迁也曾为之赞叹。郑国渠建成后，有力地促进了当地农业的发展，增强了秦国的经济实力。公元前 221 年，秦终于完成了统一的大业。

据记载，郑国渠修成后，当时灌溉面积高达 4 万顷之多。按秦一亩约等于今 0.69 亩换算❷，4 万顷约合今 280 万亩之多，这是个相当大的灌区。不过实际运用中，郑国渠是否有这么大的灌溉效益，实际灌溉顷亩数是否会有这么多？这除了要解决郑国渠引水工程技术问题（例如与清峪等水交叉的问题）之外，还要看泾水是否能提供灌溉 4 万顷地的水量。近代水文记录表明，泾河多年月平均流量，除多雨的 7 月、8 月、9 月、10 月等 4 个月外，其余月份均不超过 40 立方米每秒。现在的泾惠渠渠首设计引水流量也只有 25 立方米每秒❷，泾河张家山站多年各月平均流量见表 1.1。

表 1.1 泾河张家山站多年各月平均流量

月 份	1	2	3	4	5	6	7	8	9	10	11	12
平均流量 （立方米每秒）	8.45	18.3	27.9	16.3	22.1	36.3	121.1	168	110	57	32.6	11.6

现泾惠渠总干渠引泾设计流量为 25 立方米每秒，加上其他河流来水，总灌溉面积已达 127 万亩。目前关中地区灌溉的一般标准是一个流量灌 2 万亩旱地，照此计算，如果单纯引用泾水，郑国渠也只能灌溉 50 万亩左右。古代水文条件与现代有很大的不同，可见，关于郑国渠灌溉效益的记载是存在疑问的。郑国渠实际灌溉面积虽然达不到原规划的数字，不过它毕竟是个了不起的大灌区。西汉时期，郑国渠获得了稳定的发展，增建了白渠，此后郑国渠遂与白渠成为一个系统。

---

❶ 这里采用万国鼎的说法。
❷ 陕西省水利厅编《陕西省水文统计》1932～1957 年水文资料。

2. 都江堰

都江堰始建于秦昭王末年（公元前256～前251年），秦蜀郡守李冰主持兴建。早期的都江堰记载甚略，《史记·河渠书》只记李冰"穿二江成都之中"。后人有许多推测，归结起来主要有两种：一为李冰开凿了进水口及修建引水渠道，将岷江水引入成都平原；一为根据现代地质调查，认为岷江原有1条支流，自都江堰市分出，流经成都平原，至新津归回岷江，李冰利用这里的地形条件凿宽进口，整治河道，增加进水量，这个进口即为都江堰永久性进水口，因形如瓶状而名"宝瓶口"。《华阳国志》记载李冰还在白沙邮（渠道上游约1公里处，今为镇）作三石人，立于水中"与江神要（约定），水竭不至足，盛不没肩"。这正是其对水位流量关系有一定的认识，提出了利于下游用水的大致水位标准。据《史记·河渠书》的记载，早期的都江堰以航运为主，兼有灌溉效益，后来逐步演变成为以灌溉为主的水利工程。至迟在魏晋时，已具备分水、溢洪、引水三大主要工程设施的雏形。修筑在江心洲的湔堰（又称埒、金堤）将岷江一分为二，左侧河水经宝瓶口进入灌区，以湔堰的高度及宝瓶口的大小控制引水流量；汛期，堰有冲决，水流经决口归入岷江正流，又可作进一步的调节。唐代都江堰已经基本完善，成为由分水导流工程榪尾堰、溢流工程侍郎堰、引水工程宝瓶口三大工程为主体的无坝引水枢纽。宋元时称分水工程为象鼻，明清迄今又称鱼嘴，均因形似而得名。鱼嘴建在岷江江心洲滩脊顶端，长30～50米，高8～12米，低水位时分流入渠。清道光以后侍郎堰又有飞沙堰之名。飞沙堰为侧向溢流堰，高2米左右，宽150～200米，低水位时壅水入宝瓶口，汛期堰顶溢流，特大洪水时允许冲决堰体，溢流量增大。都江堰各工程在布置上有较大的灵活性，总的来说，要顺应江心洲地形地势和河道冲淤的变化，但在具体布置时可以在一定的范围内根据灌区用水需要，尽可能合理选择分水鱼嘴位置、溢流堰位置和高度，并通过工程维修、河道疏浚等临时性工程措施加以稳定。现代的都江堰保持着清代以来的基本面貌，由分水工程鱼嘴，导流工程百丈堤、金刚堤，溢流堰工程飞沙堰、人字堤及引水工程宝瓶口组成（见图1.4）。

最早记载都江堰工程结构的文献见于晋代，当时系用卵石堆筑。至迟在唐代都江堰工程结构已以竹笼工为主，木桩工用作建筑物加固和抗冲消能辅助工程。这类竹、木、石建筑材料一直延用到20世纪50年代。据清代史料记载，每年岁修需换竹笼1.3万余条，年需竹料170多万斤，其中以鱼嘴、飞沙堰用竹笼最多。竹笼易朽，需年年更换，加上每年巨大的河道疏浚量，工料、劳动力的征集成为历代当地老百姓的一大负担。古代都江堰多次工程结构的改造，在鱼嘴下功夫最多。至元元年（1335年）金四川廉访司事吉当普主持大修，改用石料修砌鱼嘴，又用铁1.6万斤铸铁龟，置于顶端，以铁柱固定于滩地上。明嘉靖二十九年（1550年）水利按察司金事施千祥修砌石鱼嘴，顶端用铁6.7万斤铸成铁牛，"首合尾分，如人字形"，以保护鱼嘴。由于基础淘刷，这些工程运用时间不长。清光绪三年（1877年）四川总督丁宝桢主持大修，主要工程均改用石砌。鱼嘴前端仍采用竹笼、木桩，以保护基础不受淘刷。次年汛期，除鱼嘴外，其他工程均毁于洪水。新鱼嘴运用了13年，后人称作"新工鱼嘴"。1936年冬大修，总结了以往砌石鱼嘴成败经验，注意前端消能抗冲的基础改造。前端以羊圈、木桩、竹笼组成三重抗冲刷防护圈，基础铺以竹笼、枕木作为刚性结构与砂卵石地基间的过渡层。鱼嘴长31.4米，全高8.85米，其中过渡层厚3米。这个鱼嘴一直运用到1979年外江建闸，该砌石鱼嘴成为今鱼嘴的基础。

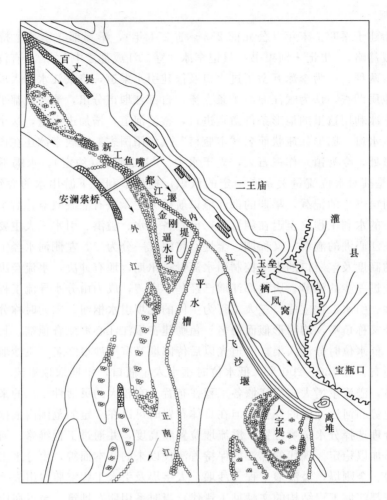

图 1.4　都江堰渠首枢纽平面布置图（1931 年）

20 世纪 60 年代以来，都江堰的其他工程也逐渐改为浆砌石、钢筋混凝土等结构，大大减少了岁修工程量。

　　出土文物汉代李冰石像表明，都江堰至迟在汉代已设官专门从事管理。晋代蜀郡设有蜀渠都水行事、蜀渠平水、水部都督等官（从事灌溉管理的专官）。明代设水利佥事，清朝设水利同知，均是从事渠首管理的行政官员，在灌县有官署，灌区各县亦有相应官吏。古代称渠首为官堰，有国家管理机构，维修经费亦主要由国家拨发；灌区干支级渠道为民堰，由受益各县管理，经费在民间摊派。历史上都江堰因为战乱，管理废弛，工程失修，多次完全失去作用。但是，社会稍有平定，国家立即恢复对它的管理。

　　工程管理是都江堰管理的重要内容，其中又以岁修为主。岁修一般历时近半年，农历冬十月初断流开工，春三月底完工供水。清道光以前只限于内江一侧，道光时内外江均归入岁修范围。岁修的主要工作是更换各工程设施的竹笼、木桩，疏浚河道、渠道。渠首岁修范围一般自鱼嘴分水处至灌县境内各干渠进口段。《宋史·河渠志》记载当时宝瓶口段有水则作为施工和供水的标准。水则共 10 则，1 则等于宋尺 1 尺（约合今 0.02 厘米），刻于宝瓶口右侧离堆石壁上，要求侍郎堰底以 4 则为度，堰顶高以 6 则为准。水则则数既用来控制侍郎堰的修筑高度，又作为河道疏浚的标准，从而达到调节控制宝瓶口进水量的目的。明清以来仍以水则作为宝瓶口的水位计，又在飞沙堰对岸三道崖下设置标准台，上置铜标，与飞沙堰堰顶齐，台下河道中埋铁柱，铁柱所在的高程为疏浚后宝瓶口段的河底高程，控制标准较前严密。在工程管理方面历代许多经验被编成口诀流传至今，例如："遇弯截角，逢正抽心"，是河道整治方面的技术要领；"深淘滩、低作堰"，是对渠首或干渠级河道进口段河道整治、溢流堰修筑的技术要求。清同治、光绪时灌县知县胡圻把前人积累的经验编成"三字诀"，刻于都江堰左岸二王庙内，以示后人："深淘滩，低作堰，六字旨，千秋鉴。挖河沙，堆堤岸。砌鱼嘴，安羊圈。立湃阙，留漏罐。笼编密，石装健。分四六，平潦旱。水画符，铁桩见。岁勤修，预防患。遵旧制，毋擅变。"它概括了都江堰分水、溢流等工程设施和河道整治工程的施工技术，列出了渠首必设的水画符（水则）、铁桩、漏罐（涵洞）等水位观测、河道整治标准以及暗渠引水等工程设施。除岁修以外，还有抢修和大修。因为都江堰工程设施为临时性结构，抢修和大修只在特定情况下进行。抢修只限灌区水稻用水期间，溢流堰冲溃，直接影响宝瓶口进水时进行。大修多是渠首工程基本被毁，河道多年未认真疏浚，河道阻塞，供水不畅的情况下进行。近代有过 3 次大修：清道光七年（1827 年），由水利同知强望泰主持；清光绪三年（1877 年），由四川总督丁宝桢主持；1936 年，由四川省水利局主持。

都江堰地处成都平原冲积扇的顶端，具有自流灌溉的良好条件，它的创建为后来成都平原水利的发展开辟了广阔的前景。西汉景帝末年（约公元前 141 年）蜀郡守文翁"穿湔江口，灌溉繁田千百顷"。东汉时开望川源，渠长 20 里，引水灌溉广都（今双流）一带，向西南丘陵一带扩展。唐代，成都地区水利工程兴建较多。唐玄宗开元二十三年（735 年）在今双流、温江开渠，"通漕西山竹木"。唐玄宗天宝时（742～755 年）成都北郊重开万岁池，"筑堤积水溉田"。唐宣宗时（847～859 年）剑南西川节度使白敏中"以成都锦江为池，江之支纬城中，乃开金水河"。唐僖宗乾符时（874～879 年）西川节度使高骈修建成都西北郊的縻枣堰（今属都江堰东风渠灌区）。这些工程的兴建使成都北部浅丘地区灌溉，城市供排水，通航条件都有较大的改善。唐代都江堰灌区的范围与今都江堰内江灌区范围基本相同。以后历代都有扩展，但只限成都平原边缘地带。清乾隆六年（1741 年）将在岷江右岸引水的沙沟堰、黑石堰并入都江堰管理，至此都江堰始分为内江和外江两个灌区，外江系岷江正流，内江指鱼嘴分出的左支。据 1938 年统计，内外江两大灌区总灌溉面积约 300 万亩，控制灌溉成都平原大部分耕地。除灌溉效益外，灌区水道兼有竹木筏运输、客货船运输等水运之利。此外，还具有城镇供排水、园林用水、防洪、水力利用等方面的功能。

1.2.2 两汉的治河事业

汉代黄河下游逐渐发展成为地上河，自西汉文帝时起经常决溢，大规模的有二三次。当时主要工程有修堤、堵口、疏浚、裁弯取直等。自汉武帝元光三年（132 年）瓠子（今河南濮阳西南）决口后，黄河长期二河分流，或多道分流。王莽始建国三年（公元 11 年）决魏郡（治邺），大面积漫流，一般称为第二次大改道。东汉明帝永平十三年（公元 70 年），王景治黄河、汴河成功后，河自千乘（今山东利津县境）入海，河道固定下来。此后，黄河基本稳定，东汉一朝仅有水灾记载四五次。

西汉治黄思想空前活跃，主要内容有：大改道；开辟滞洪区；变离故道，下游分疏以及放任自流等。较系统的理论，以贾让治河第三策最为著名。还有张戎论及黄河一石水六斗泥，主张以水刷沙等。

1.2.3　两汉的农田水利

自汉武帝起大兴西北水利，关中地区为政治经济中心，水利开发最多。武帝元光六年（公元前 129 年）以渭水为源开凿漕渠，实现漕运、灌溉两利又修建引黄及汾水灌渠等。西汉太始二年（公元前 95 年）增建白公渠，与郑国渠合称郑白渠。同时沿黄河从今山西北部、内蒙古河套地区、宁夏至甘肃的河西走廊，大规模开展水利屯田。黄河干支流多沙，引水灌溉采用"且灌且粪"的淤灌形式。东方的淮水、汶水、淄水流域也形成大型灌区。王莽时，今云南滇池开发水利，垦田 2000 多顷。东汉时西北多战乱，水利衰落；东部除维修旧渠外，淮汉陂塘水利兴盛，海河流域潮白河灌溉发展很快，扬州一带的湖塘灌溉，浙东鉴湖水利得到开发。

1.2.4　两汉的航运工程

秦代开灵渠沟通长江、珠江水系，一直维持到近代，另利用鸿沟水系沟通东部漕运。西汉时自关东至关中漕运粮食，从几十万石增加到 300 万～400 万石，最多至 600 万石。由于渭水航道曲折、宽浅，在其南面开凿平行的漕渠，并曾整修过黄河三门砥柱航道。东汉王景整修汴渠，使通向江淮的水路畅通。西汉时从长安至杭州的水道形成沟通东西的大运河。

1.2.5　两汉的水利科技概论

这一时期的水工技术，例如勘测、规划、修堤、堵口、开河施工等，都有很大发展。西汉已出现水碓，东汉已有水排、翻车、虹吸等水利机具，重要文献有《汉书·沟洫志》。

1. 关中漕渠

西汉建都长安。选择都城时曾有所争议。张良说："关中左殽函，右陇蜀，沃野千里，南有巴蜀之饶，北有胡苑之利。阻三面而守，独以一面专制诸侯。诸侯安定，河渭漕鞔天下，西给京师。诸侯有变，顺流而下，足以委输，此所谓金城千里，天府之国也。"❶ 建都的指导思想很明确，除关中有较好的自然资源之外，主要是靠渭水和黄河沟通全国，可以补给京师的供应和控制全国。这个意见被采纳了。东汉初，杜笃在《论都赋》中回顾了长安当时的航运情况之盛："鸿渭之流，经入于河；大船万艘，转漕相过，东综沧海，西网流沙……"河渭航线的畅通是西汉王朝的生命线，为维护河渭的通航封建王朝是不惜代价的。

汉初，政府提倡"黄老之治"，与人民休养生息，军事与民事的供给量较小，运输任务自然较少，据记载漕运量不过每年数十万石，航运的压力不大。到汉武帝时，国家基础稳定，武帝积极进行国内建设和反对匈奴奴隶主的入侵，粮食用量增加，其他供应也繁重，航运压力加重，不得不努力提高航运能力。武帝元光六年（公元前 129 年），大司农郑当时提出了开漕渠的建议。

---

❶ 《史记·留侯（张良）世家》。

渭水自宝鸡峡以下，河床虽然不很开阔，但比较平直。咸阳以东，河谷开展，与咸阳以西很不相同。再东，则出现了若干弯曲，极不便于航行。郑当时针对这种情况建议说："漕水道九百余里，时有难处。引渭穿渠，起长安，并南山下，至河 300 余里，径，易漕，度可令三月罢；而渠下民田万余顷，又可得以溉田。"❶ 武帝采纳了这一建议，并征发了几万人施工，3 年建成。渠全长 300 余里，从长安县境开渠，引渭水，沿着南山（即秦岭）东下，沿途收纳灞、沪等水，经今临潼、渭南、华县、华阴和潼关，直抵黄河。

当时要开凿这样大型的运渠，渠线的勘测是一个大问题。负责定线工作（即所谓"表"）的是齐人水工徐伯。徐伯表漕渠，在我国水利测量史上是一重大贡献。漕渠建成后，便利了粮食运输，加上当时造船业已很发达，出现了长 5～10 丈的可装 500～700 斛的大船，大大地提高了运输的工效。漕渠的开凿，极大地增加了向关中的漕运数量，在汉初（高祖时）从关东漕运量每年不过数十万石，武帝时猛增到 400 万石，到了汉武帝元封年间（公元前 110～前 105 年）竟达到 600 万石❷，显然与漕渠修成有关。

2. 打通三门峡和开褒斜道的尝试

关东通往关中的航道必须通过黄河三门峡的险阻，才能和黄河下游、淮河流域以至长江下游相通。这个障碍所造成的航运的损耗十分巨大。为此，河东（今山西省）有人提出："漕从山东西，岁百余万石，更砥柱之限，败亡甚多，而亦烦费。穿渠引汾溉皮氏、汾阴下，引河溉汾阴、蒲阪下，度可得五千顷。……可得谷二百万石以上；谷从渭上，与关中无异，而砥柱之东可无复漕。"❸ 即引黄河和汾河的水灌溉今河津、永济一带，发展水利增加粮食产量，从而不再从三门峡以东运粮，以避开三门峡的航运险阻。这个想法很好，皇帝采纳了它，发卒数十万作渠田。但因河道摆动不定，引水口进水很困难，没有达到预期的目的，通过三门峡运粮的困难没有解决。

于是又有人提出避开三门峡险阻绕道转运的方案，即将东方粮食改从南阳郡（今鄂西北及豫西南地区），溯汉水而上，一直到南郑（即汉中）的褒谷口，又逆褒水至褒水与斜水的分水岭，陆转 100 余里到斜水，最后顺斜水入渭水，顺流而下抵长安。这一方案经御史大夫张汤审定上奏，武帝采纳，于是指派张汤的儿子张卬主持这一工程，征发几万人从事开凿工作。由于该工程连接汉水支流褒水与渭水支流斜水，故史称"褒斜道"❹。

褒斜道开成之后，由于褒、斜水的河谷都过于陡峻，水流很急，同时，水中多礁石，根本无法行船。褒斜道的预期目的没有达到，不过该通道后来还是成了川陕间最重要的陆路交通线之一，如图 1.5 所示。

褒斜道既已失败，三门峡仍钳制着西汉王朝漕运的生命线。汉成帝鸿嘉四年（公元前 17 年）杨焉提出："从河上下，患底柱隘，可镌广之。"❺ 即凿宽三门峡通道，使航道深广。但开凿后，碎石沉没水中，无法搬走，使水流更为急湍，问题仍没有解决。

由于科学技术发展的水平所限，西汉的黄河渭河航线只能靠耗费大量的人力和物力的

❶ 《史记·河渠书》、《水经·渭水注》有类似记载。
❷ 《史记·平准书》、《汉书·沟洫志》。
❸ 《史记·河渠书》。
❹ 同❸。
❺ 《汉书·沟洫志》。

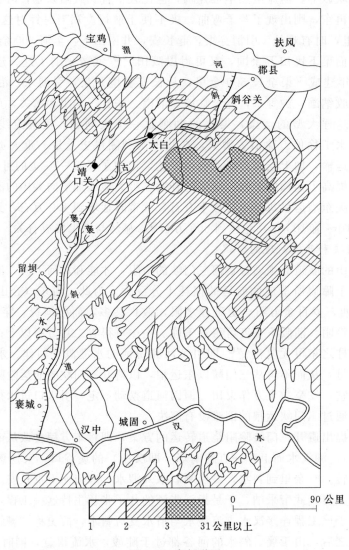

图 1.5 褒斜道图

办法去换取数百万石粮食的运输。

3. 阳渠的复兴

东汉建都洛阳。洛阳地处黄河与洛水之间，东汉王朝在其建都之后，便立即着手解决洛阳的城市供水和洛阳与洛水、黄河的水运联系问题。

相传在周公时，就有一条环绕洛阳城的水道，此渠当有供洛阳城市用水与护城的作用。到了东汉建武五年（公元 29 年），河南尹王梁亦曾穿渠引谷水，以注洛阳城，渠道挖成之后，"水不流"[1]，没有成功。18 年之后，张纯改引洛水以通漕，此渠称阳渠[2]。阳渠

---

[1] 《后汉书·王梁传》。

[2] 《后汉书·张纯传》。

经洛阳之后，再由洛水便可进入黄河，从而沟通了洛阳与中原的水运交通。阳渠水源主要仰赖于洛水，同时纳入了谷水。谷水与瀍水，原属洛水支流，王梁引谷水至洛阳城时，显然截断了瀍水入渠，被截瀍水下游的遗迹，北魏郦道元时尚可见到。张纯"引洛水为漕"，当时是在王梁引谷水为漕的基础上进行的。

西汉通过渭河和黄河，东汉通过阳渠、洛河和黄河把都城同全国的主要地区联系起来，这是维护政权所必需的。

1.3　向淮河流域发展期

三国、两晋、南北朝时期，自东汉初平元年至隋政权建立前，这一时期政治上长期分裂，黄河、淮河流域政权频繁更迭，战争连年不断，水利失修，经济长期衰落，只在北魏统一北方时水利稍有恢复。江淮以南较安定，自然条件较好，东晋南迁时，中原人口大量南下，促进了农业生产技术的提高，水利事业得到发展。

1.3.1　洪涝水灾及治理

三国分立时，黄河下游尚有 4 次决溢记载，以后 300 多年中，黄河堤防残破，河水长期自然漫流，流域人口稀少，避水而居，仅有大水记载而无黄河决溢为灾之说。南方汉水、长江已有局部堤防。江、淮、海各流域上都有引水攻战的事例记载，形成不少人为水灾。

1. 黄河当时情况

洪水为灾，最为突出的记载是黄河下游。不过，这一时期黄河下游的洪水却并不甚突出，原因则解释不一，根据《水经注》的记载，黄河当时情况有几点值得提出。

（1）黄河下游分支多。当时，黄河自汴渠口以东，下游有许多分支。汴渠是一条古老的渠道。自王景治河，分开河汴后，汴渠有淤塞，有疏浚，基本上是通流的。汴渠至今开封还向南分支为沙水。黄河洪水也由汴渠分流。在汴渠北面的是济水，济水又分南济、北济，是黄河较大的分支。从前都以为它发源于济源县，东南穿过黄河，再从黄河南岸出来，但实际河北一段只能算作黄河支流，黄河以南只能算作另一条分支。黄河洪水较大时，无疑会从济水分疏。济水还有一个北支叫濮水。濮水有一口直接通黄河（口在今原阳县北），称别濮。北魏时已无水。别濮之北还有一条酸水（口在今延津县西北），下游汇入濮水。别濮之南，汴口之东还有一条水叫阴沟水（口在旧原武县北）。《水经注》把阴沟水当作汴渠和涡水的上源。把汴口引出的水叫渠水，以沙水为渠水下游。汴、济、阴沟、濮水等下游分支甚多，纵横交错。

黄河至今浚县西南有淇水、清水汇入。自曹操开白沟，黄河水大时无疑也会分入白沟，并单独入海。黄河下游至今山东朝城县附近分出最大的一个分支——漯水，下游与河、济平行入海。再往东北流至今阳谷县东又分出一支称邓里渠，渠东北流至今茌平县境复入黄河。下游不远处即四渎津，东岸即四渎口，黄河自此口向东分流入济水。济水南通清、泗，通淮，通长江，由于可以通连江、淮、济、河，所以该口门称四渎口。南北用兵，自江淮以舟师北上常由此入黄河，自黄河向西进攻。黄河再东北流，至今高唐县境，漯水流入河，又从河分出，东北流。黄河再下流，又分一支为商河。商河东北流分二支入海。黄河至今平原县境，向南溢流为甘枣沟，是一条分洪道，水小就不通。黄河至入海不远处又分为二支，并和济水、漯水下游互相串通。这些分支自然都能分洪。入海水道共分为商、河二支，黄河本身两支，漯水一支，济水一支。其余经过汴、沙等分支入淮、泗。济水分支入菏入泗入淮的，也都从淮水入海。

（2）黄河下游湖泽多。黄河下游通连的湖泽相当多，有的湖还相当大。荥阳（在今郑州西北古荥镇）有荥泽，是一个春秋时已见记载的大泽，它容纳黄河溢出的水。荥泽水东流为济水及汴水。《水经注》记荥泽南通郑城陂，陂东西 40 里，南北 20 里。自荥泽而东与渠（即汴渠）水相通的还有在今中牟县西的圃田泽。当时圃田泽东西 40 许里，南北 20 许里，内有 24 浦。泽北通汴、济、濮水。荥泽对岸（黄河北岸），在今温县城西南有李陂，淹地百许顷，通连济水。温县之东，丹、沁诸分支汇积为一连串湖泽，唐代这里有平皋陂，周围 25 里，是南北朝时期的遗迹。

自圃田泽以东，渠水至今开封市北有牧泽方 15 里。向南分支之沙水，至今陈留县西又向东分为睢水、涣水。在今杞县、睢县之间有白羊陂方 40 里，旁边还有一个奸梁陂。渠水东支之汴水东流至今民权县境，北有大荠陂系汇积汴水北之黄沟水而成。《元和郡县志》引《都城记》说，大荠陂又名戴陂，"周迥可百余里"，唐代则"周迥八十七里"。黄沟上源，在今封丘县境，接南北济水间的乌巢泽。汴水又向东，下游叫获水，更下通孟渚泽（在今商丘西北），是古代有名的大泽。《元和郡县志》说，孟诸泽周围 50 里。汴渠更向东到彭城（今徐州）"秋夏霖涝，千里为湖"，这种大面积渍涝的情况值得注意。

济水东流，至今菏泽县东分流为广大的菏泽。济水向东北流即为有名的古泽，巨野泽（在今巨野县东北），宋（南朝）时有名的科学家何承天曾说："巨野湖泽广大，南通洙泗，北连清济。旧县故城正在泽中。"《元和郡县志》说："大野泽一名巨野，在县东五里，南北三百里，东西百余里。"泽水东北通汶水上之茂都淀等泽渚。淀就是后代南旺湖的前身。巨野泽西北不远处就是雷泽，又名雷夏泽，泽东西 20 余里。济水至今平阴县东北，南岸溢为湄湖，方 40 余里。济水上游之北，别濮水上有阳清湖，南北五里，东西 30 里。黄河自淇口通清水。清水西岸在今浚县，内黄等境有白祀陂、同山陂及黄泽等。《水经注》叙述黄河自淇口以下，除入海处有沼泽外，仅于着城（今济阳县西）东北有一秒野薄。可是刘宋人说，"青州北有河济，又多陂泽"，即在今德州、惠民两专区，亦有陂泽。

（3）黄河下游旧河道多。黄河下游的另一特点就是有不少旧河道，别濮和酸水就是两条。自此以下至今滑县境有宿胥故渎北出，曹操利用它开白沟。又有白马渎东出，下游在今濮阳境散入濮水。更东，于今濮阳之西，有王莽河北出，是西汉的旧道。王莽河更北至今大名县境，向北分为屯氏河。至灵县南（今茌平北）又向北分为鸣犊河。下游至东光（今东光县东）西合漳水。屯氏河又分为屯氏别河，别河又分为张甲河。张甲河和清河交叉，又分成两股，都流入绛渎水故道。张甲河下游入清河。屯氏别河分出张甲河后，下游又有一分支，在今武城县之北散入平地。再往下游，又分为南北两股。北股东通海，当时无水。南股与王莽河交叉，在平原（今平原县南）城北，向南又分一支，下入商河。再向下又分一支至安德县（今陵县南）断绝。屯氏别河南股和王莽河交叉，以下也叫笃马河。笃马河至平昌县（今商河县北）城北分一支东出为般河。般河故道夏天有水，东流入海。屯氏河旧道自分为别河后，东北流合鸣犊河，下游又回入王莽河。

黄河当时在今濮阳西南，向东又有瓠子河故道。瓠子故道东出至廪丘（今郓城县西北）合濮水支渠，至范县（今梁山县西）东北和济水支渠合流。又北与通黄河之将渠合流。瓠子河自河首至将渠口当时无水，以下有水，又叫邓里渠。又下游与济水下游混，更下游颇混乱。《水经注》记瓠子下游一支合济水入海，另一支向南直通入沂水，郦道元已指出它的谬误。值得重视的是《元和郡县图志》引东晋人所著的《述征纪》说："历城（今济南市）到菅城（今济南市东北）三十里，自城以东，水弥漫数十里。南则迫山，实为险固也。"正当瓠子河下游，大水弥漫，水道实际看不出来。宋元嘉七年（340年），宋将到彦之、王仲德北伐，看到魏兵势大，到彦之想烧船步行逃跑。王仲德说："且当入济至马耳谷口，更详所宜。乃回军沿济，南（至）历城，步上，焚舟弃甲还至彭城。"这时，自黄河可入济。马耳谷在今济南东平陵城之东南。舟船可以直到这里。

黄河从瓠子口以下，向东有一条浮水旧道，到今莘县南又回入黄河。这些旧水道，郦氏作《水经注》时，大半当时还存在。有的显然还有水，至少雨季洪水时有水。这些旧道能否分疏黄河洪水，没有明确记载。但洪水漫流平地时，无疑可以由这些旧道排走。

2. 江汉堤防的创始

南方江汉堤防从这一时期开始增多。汉水襄阳大堤始建于汉，曹魏时（景元四年，263年）曾因堤决，重加修筑。《水经·沔水注》记山都县（在今襄樊市西北80里，汉水南岸）有大石激，叫五女激，是一种挑水护岸工程。长江堤防的最早记载是东晋桓温在江陵叫陈遵筑江堤，陈遵长于筑堤，听鼓声知地势高下[1]。梁代天监元年（502年），郢州（今武昌）也有长堤的记载[2]。武帝天监六年（508年）有荆州江水泛溢冲决堤防的记载[3]，南齐时武陵（今常德市）曾修治城南沅江古堤。这些都说明长江流域逐渐开发而黄河流域反而有倒退现象。

3. 海河流域水灾事例

元帝大兴三年（320年）滹沱河一次大水，冲毁大松树很多。第二年后赵主石勒在襄国（今邢台）下令说："去年水出巨材所在山积，将皇天欲孤缮修宫宇也！"[4] 于是动员五千工匠大兴土木。此后11年，成帝咸和六年（331年），又发生一次洪水，同样"漂巨木百余万根"，石勒这时想迁都到邺。他说："此非为灾也，天意欲吾营建邺都耳！"[5] 于是叫少府和都水使者营建邺宫，而老百姓遭遇的是天灾加上人祸。因此，当时海河水系的清水、漳水、滹沱、湿水等亦处于自然状态，下游支脉纵横交叉，沼泽亦不少。至于防洪设施，仅有的记载是东魏迁都于邺（孝静帝天平元年，534年），高隆之建漳水长堤，防泛溢等极少记载。

4. 黄河、海河流域的排涝

黄河及海河流域洪水泛滥与霖雨为灾分不开，最后积而为渍涝沼泽。政治稍稳定，人口稍增多，就有排涝、垦田增产的必要。文献记载有两个事例，可见一斑。

---

❶ 《水经·江水注》。

❷ 《梁书·曹景宗传》。

❸ 《梁书·始兴王憺传》。

❹ 《晋书·石勒载记》。

❺ 《晋书·石勒载记》。

西晋前半期稍稳定，想大兴农田，束皙于惠帝元康六年（296 年）在河内地区开垦牧地及排水、灌溉。当时这里地少人多，而邯郸、安阳一带反而多为牧地，"猪、羊、马，牧布其境内"，这与沼泽多不无关系。束皙还建议把吴泽陂开垦，指出陂有良田数千顷，现为水占，排除并不难，还可利用余水灌溉。"荆、扬、兖、豫，淤泥之土，渠坞之宜，必多此类"。只是豪强大族与官吏勾结，"惜其鱼蒲之饶"不准开垦。他把兖、豫和荆、扬并列，认为这些地方都需要排水垦殖引水灌溉。当时人心目中黄河流域及淮颍流域陂泽之多与荆扬（今长江下游以南各省包括安徽及苏北）不相上下，像他建议的一样，都需要开发治理。汲县一带在束皙建议以前 20 几年（西晋武帝泰始五年，269 年）已开荒 5000 余顷，可见荒地之多。

北魏中期北方也比较稳定，到孝明帝初年，冀、定几州常闹水灾。崔楷上疏（约在孝明帝熙平二年，517 年左右）说，冀州（约为现在河北省衡水、沧州两地区）、定州（约为现在河北石家庄地区、保定地区南部、邢台地区北部）、瀛州（约为现在天津市，河北廊房地区、保定地区北部）、幽州（约为现在北京市及河北唐山地区）连年大雨，河水泛溢，是由于沟渠太小，河道弯曲，水流不畅所致。必须建造新排水系统，随地形情况开排水沟，筑堤建堰。施工以水势顺畅，工程坚固，经济省费，能应付洪水为原则。要构成一个排水网，沟渠要互相通连，水口要多，要能冲洗盐碱，排干沼泽，下游由河入海。在冬季施工前，先要勘测、绘图、规划、定线，估计出工程大小，人工若干，按地区方便，分划出工，由地方主持。他还建议随地形高下开发水田种稻、旱地种植桑麻。崔楷又把这一带和江淮相比[1]，指出江淮以南地区，虽然地势洼下，雨量也较多，而开发得却较好，就是先例。这一建议虽得到批准，并由他主持施工，但未完成就停工作罢了。这说明，一在今豫北，偏居黄河上游，一在冀东南，偏居黄河下游，一在西晋，一在北魏后期，是有代表性的。后者主要是治理海河流域的渍涝，当时所涉及的主要河道有清水（今卫河）、漳水（单独入海）、滹沱河（单独入海）、泒水（上游为今大沙河，下游已无）、易水（单独入海，上游合滱水，今唐河）、湿水（今永定河）、沽水、鲍丘水（今一部分为潮白河）。

5. 淮泗流域的排涝

三国时期五六十年内兴建的灌溉工程不少。西晋 50 余年，灌溉工程却很少，见于记载的不过两三项。而西晋的水灾特别频繁。降雨亦多，灌溉需要不紧迫。相反，有人尖锐地提出排涝的要求，特别是在淮泗流域，曹魏时曾大兴水利，这时为了排涝因而废弃了不少曹魏兴建的陂塘工程。西晋咸宁四年杜预提出："水灾东南特剧"。五谷不收，住处也有问题，低田到处积水，高田贫瘠。渔业水产也因水太大，老百姓无力捕捞。他建议立即大量破坏"兖、豫州东界（今豫东、皖北、鲁西南）"的陂塘进行排水。排水进行时，老百姓可以捕采水产，暂时维持目前生活，排水完成后，明年开发种地一定可以丰收，政府也可以趁势捞一笔收入。因为这一带以前种水田不用牛，陂坏以后，耕种需要牛。政府养的几万头种牛，闲着无用，可租给老百姓，每一头牛租谷 300 斛。这样可以收回几百万斛谷。种牛少了，牧地（即在上文所述河内地区）可以租佃出去，又可收得几千万斛租谷。这是他的经济打算。

---

[1] 《魏书·崔楷传》。

杜预还指出了水涝原因以及应采取的措施。他认为，渍涝原因一是降雨太多，二是蓄水太多，三是陂堰品质不好，四是人口的增多。蓄水太多还由于以前水田耕种法落后，"火耕水耨"需水太多，以及运道不合理等。他举例说，豫州界政府财政部门主管的军士佃种水田7500余顷，按供三年灌溉之用的标准来计算，所存蓄的水量大大超过实际需要，应当泄排不应当再蓄。他又指出有的陂为漕运服务，占地太多，应当改进，例如宋侯国（在今安徽太和旧县治北70里）有泗陂，占地13000多顷，侯国相应遵早已提出废除泗陂，利用别的旧有渠道通漕，而漕运及财政部门不同意。实际应遵主管的租佃户很少，只有2600人，而境内土地却不够耕种。杜预还指出以前地广人稀，新开的田可以"火耕水耨"，现在户口日增，陂堰每年决溢，良田变成芦苇地，人住在沼泽地里，牲畜不便饲养，树木不能生长。由于地下水位太高，雨水渗不下去，到处横流，旱地也不能种，只能改为水田，由于有这些害处，他强烈要求废陂排水。这种废陂意见在杜预前的胡威已提出过，然而军队和地方，"士大夫"和老百姓之间的意见都不一致，始终行不通。

杜预的具体意见是，汉代的旧陂旧堰和山谷私家小陂，做得较坚固，应当保留蓄水。质量较差的曹魏以后创立的陂堰及雨水决溢自然形成的苇塘和"马肠陂"（可能指弯曲无头无尾的水道，例如月形湖之类）等一律废弃排干。保留的陂堰修缮管理要采取汉代办法，预先列出项目，冬天戍兵换防时，多留一个月协助施工。总之，"川渎有常流，地形有定体。汉氏居民众多，犹以无患。今因其所患而宣泻之。迹古事以明近，大理显然，可坐论而得"，要求恢复汉代情况。杜预这一建议，得到批准实行。曹魏所兴的水利废除了不少。

汉末战乱后，三国时人口骤减，大片土地荒芜。曹魏结合屯田兴水利，垦殖耕种，主要是利用军士或军事编制的劳动力进行。只求见效快，面积大，工程自然会粗糙些。到西晋人口逐渐增多，加以雨涝太多，这些工程就出了问题。实际邓艾之蓄，杜预之排，都有问题。这一带如何蓄、排得当，到近代也没有彻底解决。西汉汝南的鸿却陂，原为有名的兴利大陂，西汉末年即因泛溢成灾，排干垦殖。到东汉初，又因需要灌溉重又修复。漕运和湖陂占地的矛盾也是常见的。京杭大运河有不少水柜被逐渐垦成湖田，以及原为洼地后来积水成湖都是这类问题。

6. 太湖流域排水

江南水乡这一时期农业开发加快，排水问题也逐渐显现出来。太湖流域的治理自唐到明清，排水问题比较突出。在文帝元嘉二十二年（445年），姚峤提出二吴（吴郡在太湖东南面，吴兴在西南面）、晋陵（在太湖北面）、义兴（在太湖西面）、四郡（的水）同注太湖，由松江（吴淞江）、沪渎（吴淞江下游一段渠道）二河排水入海，但二河泄水不畅，上游泛溢成灾。姚峤是吴兴人，吴兴当时常闹水灾，他提出吴兴郡排水方案，想从"武康、绅滨开漕谷湖，直出海口一百余里，穿渠涪。"今德清县（唐代始从武康分出）县东20余里有苎溪。当时设想把通到太湖的苕溪流域的水，利用疗溪向东南排泄，再开渠直通杭州湾。涪就是暗沟涵洞。姚峤在这里勘测了20来年，文帝元嘉十一年（434年）他提出了自己的方案，官吏查勘后认为有问题。文帝元嘉二十二年（56年）他又提出，和官吏共同仔细查勘，绘出详图，经过计算，认为行得通，效益可以遍及四郡。为了慎重起见先开一条小渠来试点。当时动员了乌程（今吴兴）、武康（今并入德清县）、东迁（今吴兴东40里）三县的民工开小渠，但工程没有成功。此后80多年，又有人提出开一条大渠排吴兴郡水入钱塘江。梁中大通二年（530年）动员吴郡、吴兴、义兴三郡民工施工。这次规模比较大，"导泄震泽（太湖），使吴兴一境无复水灾"，效果明显。

1.3.2 农田水利的发展

东汉末至三国时，曹魏大兴江淮间水利，特别是淮、颍流域的陂塘水利屯田，开渠数百里，形成一个水利建设的高潮。西晋时多雨，涝渍成灾，水利以排水除涝为主，废了一批淮颍陂塘工程。西晋后至东晋时，江南水利迅速发展，特别是长江下游至太湖和钱塘江流域兴建不少塘堰灌溉工程。

海河流域在汉末三国时修建引漳的天井堰，恢复引漳古灌区，又引湿水（永定河）筑戾陵堰；东北等地也有水利的开发。北魏时，在今宁夏建引黄的艾山渠，灌田4万顷。关中及河套各地也有修浚水利的记载。东魏改天井堰为平堰，西魏、北周复引渭水、引黄、引洛等关中一带水利工程。

1. 漳水十二渠及其演变

战国初年，西门豹引漳水灌溉，称为漳水十二渠。西汉初年，该渠效益显著，地方官吏以十二渠道和"驰道"交叉，十二个桥相距不远，想把渠合并，和驰道交叉处"合三渠为一桥"。当地老百姓不同意，认为西门豹的办法效果好，终于没有改。到东汉元初二年（115年），渠已使用了500多年，"诏……修理西门豹所分漳水为支渠以溉民田"，又加修理。到东汉末建安九年（204年），曹操败袁尚取邺城（今临漳县西南的邺镇）后，就经营邺为根据地，并在原渠堰基础上修建了天井堰，并引漳水供给城市用水。

东魏、北齐都建都邺城，在开始建都几年里（534～537年），引漳灌溉渠道又一次改建，新渠名万金渠，又名天平渠。东魏兴和三年（541年）"发夫五万人筑漳滨堰，三十五日罢"[1]。似乎是邺城外边的堰，并非万金渠堰。后百余年，唐咸亨三年（672年），在邺县开金凤渠。第二年，从邺到临漳开菊花渠，长30里；从滏阳（今磁县）到临漳、成安开利物渠。这些都是天平渠的延伸，从天平渠取水。在尧城（故城在今安阳东40里）北45里，还有万金渠引漳水入邺城，也是咸亨三年开的，以名字和天平渠相同，旧说上游在今安阳西北20里，也是天平渠的一支。同年，还在今安阳市西20里引安阳河东流入广润陂（陂水通卫河），渠名高平渠[2]。这些渠道从唐中期安史之乱后失修，逐渐废弃。北宋中期，天圣四年（1026年），王沿建议修复漳水十二渠，未实行。后数年王沿"导相、卫、邢、赵水，下天平、景祐诸渠，溉田数万顷"[3]，天平渠又整修过。稍后30余年韩琦又疏浚过高平渠，改名千金渠。这一灌区，明清虽仍有旧迹，而无大整修。民国时曾一度复修天平渠。

《水经·浊漳水注》中提到天井堰十二渠的情况："昔魏文侯以西门豹为邺令也，引漳以溉邺。……魏武王（曹操）又竭漳水回流东注，号天井堰，二十里中作十二蹬，橙相去三百步，令互相灌注。一源分为十二流，皆悬水门。陆氏《邺中记》云：水所溉之处名曰晏陂泽，故左思赋魏都也，谓橙流十二，同源异口者也。"[4] 天井堰是西门豹渠的修复。

---

[1] 《魏书·孝静帝纪》。

[2] 《梁书·昭明太子传》。

[3] 《宋史·王沿传》。

[4] 永乐大典本《水经注》。清人校增"二十"两字，并改晏陂泽为堰陵泽。

十二蹬分为十二流就是十二渠。蹬是梯级，指横拦漳河的低滚水堰。20 里中每隔 300 步（约合 400 余米）修一堰共十二堰。靠堰的上游，在南岸开渠引水。各渠首都有引水闸门，这样就构成十二条渠道，这是古渠道常用的多渠首引水。晋人作的《邺中记》说："西门豹为邺令，堰引漳水……灌溉于魏田数百顷。……后废堰田荒，魏时更修，通天井堰邺城西，面漳水，十八里中缅流东注邺城南，二十里中作二十堰。""今渠一名安泽陂"❶。

十二堰所在，旧说在邺西 28 里。今邺镇西 30 里，漳河南岸西高穴村西北有天平渠渠口遗址，天平渠是单一渠首。十二堰亦应在附近。这一段，漳河刚出山，河身稳定，纵比降较陡，漳河洪水流量及流速较大，堰身不会太高，而且应有岁修制度。西晋人左思《魏都赋》叙述当时灌渠情况说："蹬流十二，同源异口，畜为屯云，泄为行雨。水澍（滋润）粳徐（稻），陆莳（种植）稷黍。黝黝桑柘，油油麻苎。均田画畴，蕃（篱）庐错列。姜芋充茂，桃李荫翳。"

2. 戾陵堰

曹操修建天井堰后 40 余年，嘉平二年（250 年），兴淮南水利的刘馥的儿子刘靖镇蓟城（今北京），修建戾陵堰、车箱渠引湿水（今永定河），灌溉蓟城北和东面、南面的土地万余顷。《水经·鲍丘水注》记载有刘靖建堰碑的节文❷，也有晋元康五年（295 年）他儿子刘弘重修堰时所作表的节文。由此可以大致看出堰和渠的规模和形式。当时刘靖"登梁山以观源流，相湿水以度形势……乃使帐下督丁鸿军士千人，以嘉平二年立遏于水，道高梁河，造戾陵遏，开车箱渠"。梁山即今石景山。登山、相水是亲自勘测。在嘉平二年，用军工造堰，并开浚高梁河，开凿车箱渠。大致是自堰引水入新开的车箱渠，渠下游入高梁河。但高梁河原向南过蓟城东入湿水，现则开浚引而东流至潞县（今通州），入鲍丘河（又名潞河）。堰、渠的位置大致如图 1.6 所示。

堰址亦在湿水出山处，两侧"长岸峻固"，现代勘测出两侧都是灰绿岩，地质条件很好。堰下即进入冲积平原，渠由西向东，在冲积扇的脊梁上，控制较大的面积，并充分利用原有高梁道。以"车箱"的名字来看，可能因系石渠，岩石坚硬，断面挖成矩形。对于堰和渠的结构、施工和运用情况，"遏表"上说："长岸峻固，直截中流，积石笼以为主遏，高一丈，东西长三十丈，南北广七十余步。依北岸立水门，门广四丈，立水十丈❸。山川暴戾则乘遏东下，平流守常则自门北入，灌田岁二千顷。"石笼是木笼或竹笼装石，累砌石笼做成堰的主体。水门在北岸，有闸门控制。只平流时引水，洪水则垮坝溢流。坝身不高，水门立水应当是水门处水深。坝的布置及坝体大致如图 1.7 所示。

根据近代所掌握的水文情况，永定河流量最大曾达 5 万立方米每秒，洪峰历时很短，因此，戾陵堰坝身不能太高，边坡也很缓，大约为 1：15。引水门必须有控制。立堰后 12 年的景元三年（262 年），"更制水门，限田千顷"。这是又改建了一次水门。改建的原因是刘靖原封（广陆亭侯）地百余万亩，这时因民田产粮不够，自他处运粮又太费，因此从他的封地中划出 4316 顷交给地方，他只剩下了 5930 顷。原封地浇田 2000 顷，这时也相

❶ 《太平御览》卷七十三及卷七十五堰堨条转引。

❷ 《水经·鲍丘水注》，此碑在渠南。

❸ 十丈，当为十尺之误。

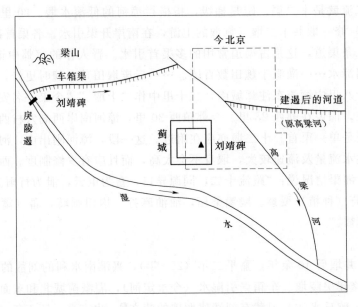

图 1.6 戾陵堰与车箱渠位置图

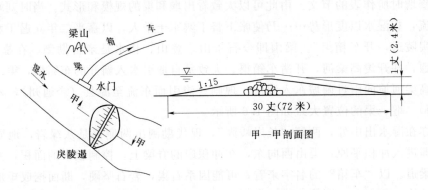

图 1.7 戾陵堰布置及坝体尺寸示意图

应减为 1000 顷。堰引水入车箱渠自蓟城西北，过昌平，东到渔阳郡的潞县，长四五百里，共可浇地"万有余顷"。灌区共有百万余亩。到晋元康五年（295 年），堰被洪水冲毁，刘靖的儿子刘弘又命军工重修。"遏立积三十六载，至五年夏六月，洪水暴出，毁损 3/4，乘北岸七十余丈，上渠，车箱所在漫溢。（刘弘）追惟前立遏之勋，亲临山川，指授规略，命司马关内侯逢恽内外将士二千人，起长岸，立石渠，修立（主）遏，治水门。门广四丈，立水五尺。兴复载利通塞之宜，准遵旧制。凡用功四万有余焉⋯⋯"三十六载应为四十六载❶。洪水冲毁主堰 3/4，漫溢北岸 70 余丈❷，水门也被冲毁，渠内进水过多，也处处漫溢，将士 2000 人工作了 20 几天，共享 4 万余工。工程特点是修建了"长岸"，大

❶ 自嘉平二年（250 年）到元康五年（295 年），把首尾统计在内，所以作 46 年。自景元三年（262 年）到元康五年共 33 周年。惟景元三年只改水门，未改主遏。原文明言"遏立积三十六载"，应从"遏立"算起，为 46 载。

❷ 据"乘北岸七十余丈"的"乘"字应当和上文"乘遏东下"的"乘"字意思相同，指水流漫溢。卢年三十八修渠。卢文伟在兴和三年，年六十卒，修渠时间据此推算。

概在北岸修建了护岸和堤防，修复了水门和主坝，只是水门抬高了，立水只剩 5 尺。

这一工程，因北方战乱，年久失修。此后 200 多年，到北魏神龟二年（519 年），幽州刺史裴延伤根据卢文伟的建议开始修复，并使卢文伟主持。"范阳郡（治今涿县）有旧督亢渠，径五十里。渔阳燕郡有故戾陵诸堰，广袤三十里，皆废毁多时，莫能修复。时水旱不调，民多饥馁。延俊谓疏通旧迹，势必可成，乃表求营造。遂躬自履行，相度水利，随力分督，未几而就，溉田百万余亩，为利十倍。百姓至今（北齐时）赖之。"❶ 这是同时修复督亢渠和戾陵堰，两者都久已毁废。修复后，旱灾解除，共灌田百余万亩，有 10 倍的收益。又后 40 几年，北齐天统元年（565 年），幽州刺史斛律羡"导高梁水北合易京（今温榆河支流沙河），东会于潞，因以灌田，边储岁积"❷，是这一工程的扩充。到唐代永徽时（650～655 年），检校幽州都督裴行方引卢沟水开稻田数千顷，也属于这一灌区。

1.3.3 航运工程的发展

由于军事需要，这一时期水运较发达。东汉末曹操北征，在黄、海、滦各水系开凿了白沟、平虏渠、泉州渠、新河、利曹渠等一系列运河，形成北至滦河、南至珠江的通航水道。孙吴在金丹阳、句容开破岗渎，建立堰埭，是最早见于记载的渠化工程，并使用了升船机具。曹魏在汝水、颍水上也开有运河。此后至南北朝期间南北交兵，常用的水路是邗沟、泗水、济水入黄河，或由长江通巢湖及南淝水、东淝水入淮接涡、颍诸河及鸿沟各水，通黄河。江南在天然河流上大量修建堰埭；开通浙东运河，可通过载重 2 万石的大船。南齐时祖冲之曾发明脚踏机船，称"千里船"。西晋时也在江陵之北开过北通汉水、南通湘江的运河。

1. 白沟和枋堰

曹操统一北方，建安七年（202 年），疏通汴渠（睢阳渠），西通黄河。由黄河北上，则由于黄河在小水时水溜散漫多变，洪水时急流湍涌，通航是不方便的。建安九年（204 年），北征袁尚，正月"遏洪水入白沟，以通粮道"❸。当时淇水流入黄河，为了通航，在淇水口（今淇署东西卫贤镇东一里）作堰横拦洪水（距河尚数里），逼淇水北流入白沟。关于它的布置，《水经·淇水注》有较详细的叙述：埠是下大枋木做成的，"其堰悉铁柱，木石参用"。堰的具体形式不详，堰的规模不小，因而当地地名变成了枋头。六朝时，堰的旁边筑有城池，成了兵争的要地。由于枋大堰巨，堤高渠深，通航得到保障。附近的河道情况大体如图 1.8 所示。

淇水从北向南入黄河，清水从西南来，在入口处与淇水会合。清水（后来的卫河）原本是由此向东北流，由于黄河的改道，遂会淇水入河。白沟开始的一段，是由清水散道开渠，东北行二三十里后，再利用黄河宿胥渎旧道，加以修治，自此以下才称为白沟。郦道元叙述说，后来河道废了，北魏熙平时（516～518 年），又曾疏浚通船。淇水河道过枋城西又分为两支，一支南流通清水，入黄河，但当河水、清水大时，则反过来北流入故渠；

---

❶ 《魏书·裴延俊传》。《北齐书·卢文伟传》"督亢渠"作"督亢陂"，"径五十里"是说陂直径五十里，如作渠则难理解。

❷ 《虬北齐书·斛律羡传》。

❸ 《三国志·魏书·武帝纪》。

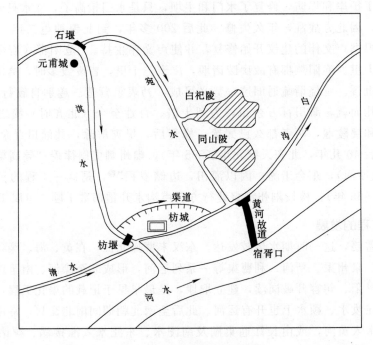

图 1.8 枋头堰位置示意图

另一支向东流，过枋城南面，再东是宛（一作菀，下同）口，有宛水自西北流入。东流这一支是当时的淇水主流。淇水过宛口后再向东，和通黄河的宿胥渎汇合，位置大概在今浚县西南 20 余里。汇合处有石堰壅水，逼水东北流，下入白沟。

宛水是淇水的分支。淇水在元甫城（在今淇县西北）西北，被石堰分为两支，淇水正流在西面，东面的一支是宛水。宛水东南流，两岸各有一个排水涵洞，西岸洞后的沟称天井沟，西通淇水，东岸洞后的沟称蓼沟，东通白祀陂、同山陂。它们是两个相当大的湖泊（同山陂在同山之南，同山在今浚县西南 40 余里）。宛水再向东南入淇水。天井沟沟通淇、宛两支，是防元甫城堰分水不均匀，而蓼沟通两陂的作用，一方面是将两陂作为"水柜"，调节水量，另一方面陂水也可综合利用。

曹操开白沟的目的，是自黄河到白沟，向东北通漕。

2. 平虏渠

曹操攻邺时，尚未开利漕渠。水路是从白沟通洹水，洹水有分支通邺。攻下邺后二年，建安十一年（206 年），曹操又北征乌桓，消灭袁尚残余的力量，为了运输，叫董昭凿平虏渠和泉州渠。平虏渠是自滹沱通泒水。泉州渠是从泃河口通鲍丘河。据《水经·淇水注》载，白沟下游又名清河。自利漕渠引漳水，漳水大部分入白沟。因此，利漕口以下可以称作清，又可以称作漳、白沟或淇河。白沟下游大致在今黄骅县境入海。白沟另有一支东北流至泉州县（县在今旧武清县东南 40 里），北会滹沱河、沽河，郦道元时已无水。这一段又是"派河尾"[1]。清人曾校改"派"为"泒"，当时，泒（音狐）水上游为今定县

---

[1] 《水经·沽河注》。

之大沙河，下游已湮没。清河合淇、漳、洹、滱、易、涞、濡、沽、滹沱等水同入海，形成一个水系。清河合滹沱、沽河处的东面，就是泉州渠的南口。这段派河尾，就是曹魏开的平虏渠。漕运由白沟而下，到这里进入泉州渠。《元和郡县图志》鲁城县（在今沧州市东北80里）的外郭内有平虏渠，为曹操所开，为南运河的前身。

3. 泉州渠

泉州渠从泉州县东南引滹沱水，北过县东，又北过雍奴县（在今武清县旧治东8里）东，距雍奴120里，中间过沼泽地180里入鲍丘河（即白河），汇合处名泉州口（在今宝坻县西北）。泉州口的上游就是洵河入鲍丘水的洵河口。这一条渠，郦道元时已无水。据《水经·濡水（今滦河）注》，自鲍丘水上盐关口向东还有一条运渠，是和泉州渠同时开的，叫做新河。新河东北穿过庚水（今州河），过昌城县（在今唐山市西30余里）北，向东又分出一支入海。新河正流向东穿封大水（今陡河），再东流，又穿过几条直接入海的小河，经海阳县（在今滦县西20里）故城南，东穿过清水（今沂水），又分二支入海，正流再东会于濡水。这条渠当时也无水。自平虏渠通泉州渠，再通新河，水运可直达今滦河。三条渠形成一条向北转东的弧形，和当时的海岸基本平行，可以代替海运，避海上风涛之险，也可以和海运相接。曹操于开渠的第二年，建安十二年（207年）北伐乌桓，秋七月，大雨，近海道路不通行，当时曹军北出卢龙塞（今喜峰口附近的滦河左右），出塞后又进到柳城（今朝阳南），如果用内河水道进行军运，便可由黄河入白沟，再经上述三条运渠，通入濡水，从而沟通了黄河、海河、滦河三个水系。

4. 利漕渠

白沟东北流到今馆陶县南，有利漕口。建安十八年（213年）九月，曹操经营邺都，开渠引漳水过邺入白沟转通黄河，渠名利漕渠。利漕口就是渠与白沟汇合处。这样由邺可经过利漕渠、白沟，通黄河，转江淮。又可由白沟北通平虏诸渠。北魏崔光曾说："邺城平原千里，漕运四通"[1]。东魏天平元年（534年），自洛阳迁都邺城，就曾利用黄河、白沟通运，运送拆毁洛阳宫殿的木材到邺[2]。这时枋堰已毁，但仍可通运。后此70余年，隋大业四年（608年），改建白沟为永济渠，引清、淇二水为水源，亦无重建堰的记载。

1.3.4 本时期及以前的水利文献

水利文献以郦道元所著的《水经注》最为突出。郭璞的《水经注》早已失传。清初名学者刘献廷称赞："郦道元博极群书，识周天壤。其注《水经》也，于四渎百川之源委、支派、出入、分合，莫不定其方向，纪其道里。数千年之往迹故渎如观掌纹而数家宝。更有余力铺写景物，词组只字妙绝古今，诚宇宙未有之奇书也。"[3] 又说："西北水道莫详备于此书，水利之兴其粉本也。虽时移世易，迁徙无常，而十猫得其六七。"[4]

郦氏《水经注》原书四十卷，宋代已部分遗失，现存本仍有分四十卷的，是后人的分割凑数。现存字数30余万，为《水经》的40倍。所提到的水道《唐六典·注》说是"引

---

❶ 事在太和十八年（494年）。

❷ 《魏书·张熠传》。

❸ 《广阳杂记》。

❹ 同❸。

枝流一千二百五十二"，实际今本所记达 5000 多个。

《水经注》是一部卓绝的地理书，它的成就，就内容说是繁富的，也不限于地理方面。其主要内容可概括为如下几点。

（1）叙述的范围极广，东北到鸭绿江，东到大海，南到中南半岛，西到印度，西北到伊朗、里海，北到大沙漠。

（2）大部分考证详细明确，后魏以前的地理书几乎都参考过，实际成为古代地理的总结。没有这部书，隋唐以前的地理就很难弄明白。

（3）所引古书多至 437 种，主要是历史方面的书籍。这些书绝大多数散失了，本书中尚能保存一些佚文，为历史学者提供了珍贵史料。

（4）由于郦氏博学多能，有不少独特的见解，特别是他亲身经历的资料不少。尽管他很谦虚，实际他并不是"默室术深，闭舟问远"的❶。

（5）文笔优美，文学价值极高。以水道为纲，联结补缀，最易枯燥无味；援古证今，繁征博引，最易芜杂纠缠。郦注虽不易读，这类毛病却不严重。他特别长于写景，"模山范水"为后来写景文的作者提供了楷模。书中引证的古传说古歌诗，更是文学家最喜引用的。

（6）书中辨别文字的音义，方言的读法，并大量收载古代碑文，淡小学、金石的也喜欢参考它。

（7）书中载有大量故事、传说、神话，既是文学数据，也可以借助它研究社会风俗。

（8）书中载有不少关于佛教的资料，引用《西域记》、《扶南传》、《法显传》等内容，还采用了许多佛经的说法。这也可以供研究佛学的人参考。

《水经注》内容所涉及的范围之广，方面之多和后代官修的一统志等书差不多。就水利方面说，我们可以提出下列几点。

（1）水道的变迁及位置能详细记载，既为因水证地，因此它是研究历史地理者所必需的资料，也是研究水利史的最基本的依据，没有这本书，古代水道演变，几乎无从讲起。

（2）水道的详细准确，加上支流、湖泽、分汊、城邑、山岭等的记载可以全面看出两条河，进而至于一个流域的情况。从而推断人工治理的利弊及兴废。研究水利史的问题，既要注意新工程之兴建，也要注意旧工程之废弃，从而得出经验教训。一个工程是如此，一条河流也是如此。例如王景治河的成就，人们议论了千余年。从《水经注》所载黄河面貌，可以得出一些解释。

（3）古河道所经的土质、水源、地形等都有特点，现代治理规划在一定程度上，还需要知道古河道的所在及演变过程。

（4）较详细的记载河流上的水利工程、渠道、塘堰及灌溉区域，也是从《水经注》开始的，远及边远地区，起了总结前代的作用，就是到现在也有一定的参考价值。更是水利史研究的主要内容。

（5）引证古代第一手数据例如碑文等，记载工程的勘测、设计（形式、结构）、施工、管理等可以提供当时工程技术数据，描述当时的技术水准，也是本书独特的优点。

---

❶ 《水经注》自序中语。

（6）记述更古工程的因果、兴废沿革，直接是水利史的内容。有的是水利史研究的唯一依据，有的工程是郦氏自己采访记录的。

（7）记载了一些洪水情况，一些水利故事，考证了一些工程名称，也都是一些珍贵数据。

总之，《水经注》一书在水利史上的意义是多方面的，是值得专门研究的，以往这一方面的工作做的不多，也有待于后人的努力。

《水经注》一书是郦道元在晚年编成的（6世纪20年代）。郦道元字善长，范阳涿鹿（今涿县）人，近人考证生于元安元年（466年）左右，死于孝昌三年（527年）。郦道元是当时有名的学者，他家几代都是官僚，他也是一生做官，他的后半生正当北魏由盛而衰，天下大乱，他最后也死于乱兵。他做事峻刻严谨，一般人都怕他。除了《水经注》四十卷外，郦道元还著有《本志》十三篇和《七聘》等文章，行于世。他20岁以前随父亲在青州（今益都县）住过，后来在各地做官，到过颍州长社（今长葛县东，他做了三年冀州镇东府长史），鲁阳（今鲁山县，他做过鲁阳太守），泚阳（今泌阳县，他做过东荆州刺史）。又在正光五年（524年）左右在洛阳做过河南尹。《水经注》大概在这时成书。后来几年中，出使过北边，在南边打过仗（在彭城、涡阳一带）。最后的官是御史中尉，奉使到关中，为叛将杀害。

1.4 黄河流域恢复及江淮持续发展期

1.4.1 治河防洪

隋唐时，黄河下游堤防恢复，300多年中决溢20多次。五代时，政权分立，战乱多，平均每两三年决溢一次。北宋168年中平均一两年决溢一次，灾害规模大，修防工程多，技术水准有所提高，但空论较多，方略、方正举棋不定。初期多主张开支河分流，实际只筑堤堵口，修埽。庆历八年（1048年）黄河改道，自今天津东入海。于是，有是否挽河归故道向东流的争议。人工改河回东两次，均不能持久，仍然恢复北流。

1.4.2 农田水利

隋及唐前期，西北水利仍以关中为重点，恢复西汉时的面貌，并有所增加。隋开广通渠，相当于汉代漕渠，通运之外也用于灌溉；成国渠增修了六门堰，又开升原渠，兼有漕运之利；其余引黄、引洛、引汾、引涞以至引丹、引沁等灌区，都有增修。河套、宁夏、河西走廊、新疆、青海等灌区规模也有扩大，但唐后期至北宋大量荒废。北宋时，为边防需要，自天津到保定间储水为塘泊，阻止辽兵南下，兼有部分灌溉、排水功能。江淮及其以南，唐前期农田水利已有发展，后期持续增加。在长江干流及岷江、汉水、沅水、赣水都有大量工程；长江干流下游，江淮之间多塘堰之利；南岸及太湖流域多圩田及塘浦。浙闽沿海的御咸储淡灌溉工程迅速发展，钱塘江及苏松、苏北、福建都有海堤、海塘出现，直到北宋有增无减。熙宁年间（1068～1077年）王安石变法，大兴农田水利，并在北方多泥沙河流上淤肥田，利用山洪淤灌，形成了历史上的放淤高潮。

1. 太湖的围田垦殖

唐以前，我国人民已逐步摸索出一套治理北方大平原和南方盆地的农田水利技术，例如以郑国渠、都江堰等工程为代表的水利工程技术。到了唐代，随着南方特别是太湖流域的开发、治理河网湖区的新问题凸现出来了。唐代人民总结了前人的经验，在实践中逐步创造出了许多围湖垦殖的方法，成功地开发了江南的湖区和"水乡泽国"。仅《新唐书》和《元和郡县志》记载的规模比较大的工程就有十多处，例如润州的练塘，升州句容的绛岩湖，湖州长城县的西湖、余杭的上湖、下湖和北湖，越州上虞县的任屿湖、黎湖，明州郧县（今鄞县）的小江湖、西湖、广德湖等。其中所治的练塘"周八十里"，使丹阳、金坛、延陵三县的田地得到灌溉。升州句容的绛岩湖也不小，"周百里为塘，立二斗门，以节旱嗅，开田万顷"等。特别值得注意的是太湖开发，据《全唐文》卷四三零李翰《苏州嘉兴屯田纪绩颂》记载，唐代宗广德年间（763～764 年），开发太湖有一个比较健全的营田垦殖机构，"屯有都知，群士为之，都知有治，即邑为之官府，官府即建，吏胥备设，田有官，官有徒，野有夫，夫有伍，上下相维如郡县"。营田垦殖的规模相当大，"浙西有三屯，嘉禾为大。……嘉禾土田二十七屯，广轮曲折，千有余里……"自太湖边至东南沿海，环绕着半个太湖。当时"画其封疆属于海，浚其畎浍达于川，求'遂人'治野之法，修'稻人'稼墙之政"[1]也就是高筑堤岸，使湖海通流，让低地洪涝排泄既有出路，高地灌溉也有水源，高低分治。圩田水利系统也初步建立起来，当时的布置是"畎距于沟，沟达于川……浩浩其流，乃与湖连，上则有涂（途）广中亦有船。旱则灌之，水则泄焉，曰雨日霁，以沟为天"[2]。也就是在圩内建有畎、沟、川等管道网，并与湖水相通。此外，与渠道网相配合还有道路系统，渠中有船，路上行人。有了这样一个比较合理的排灌系统，就做到了"以沟为天"，不再完全依靠自然降雨了。既有排灌，当然少不了闸门控制。北宋人郏乔记载了圩区堤防堰闸的情况，说"浙西昔有营田司，自唐至钱氏时，其来源去委，悉有堤防堰闸之制，旁其支脉之流不便溢聚，以为腹内畎亩之患"[3]。可见当时圩田排灌技术已有较高水平。随着圩田的发展，到中唐时，一个上至苏州，经平望至吴兴，环绕太湖东南半个圈子的长堤也全线接通了，进一步促进了塘浦圩田系统的发展和完善。

2. 沙漠地区引水溉田

在少雨干燥的沙漠地区引水灌田，唐代人民继汉之后有了新的发展。627～649 年（贞观时），在焉耆碎叶西南四十里的城市附近"逗灌溉田"（逗，止也，意为筑坝取水）和开涵洞取水。在中亚碎叶（今吉尔吉斯境内伊塞克湖西北的托克马克城），685～704 年（武则天时）置屯田，兴水利，"凿渠道南山，夹为石闸以行水"[4]。唐时高昌地区（今新疆的吐鲁番盆地），兴建了一批人工灌溉渠道，据 1917 年在吐鲁番阿斯塔那发现的《曲斌造寺碑》，反面附刻曲斌施产造寺时所订立的一件契约所记，高昌地区有"泽田"、"潢田"等。"泽田"依靠"漫水"（天然河流或地下水）灌田，"潢田"依靠"潢水"灌溉；而"潢"（蓄水的陂地）是接受渠水的。这表明当地的农田主要靠灌溉，而重要的灌溉系统又

---

[1] 李翰《苏州嘉兴屯田纪绩颂》，载《全唐文》卷四三零。
[2] 李翰《苏州嘉兴屯田纪绩颂》，载《全唐文》卷四三零。
[3] 《天下郡国利病书》卷一五，历代水利。
[4] 耶律楚材，《西游录》，转引《文物》1975 年第八期，卫江，《碎叶是唐代西部重镇》。

都是人工所开的渠道，以"潢"作辅助。契文中记载有"镇家□□□渠"，苟居潢，卜家潢、曹武安潢等渠。曲氏政权利用这些人工灌溉系统作为一项重要征税的手段❶。又例如1973年从吐鲁番阿斯塔那古墓群发掘中，发现了《高昌县申修堤堰料工状》，它记载了当时修塞新兴谷，草泽堤堰和箭杆渠，所需的人工数和申报经西州刺史传州请准依以往的惯例处理的事实，还发现了《为行水灌溉至突厥葛腊啜下游奕首领骨逻拂靳关》的文件，说明当时的知水官不仅负责兴修水利，而且还负责分配灌溉用水❷。

1.4.3 航运工程

隋唐建都长安，以洛阳为东都，经济中心则在江淮地区，靠运河将两个都城与江淮联系在一起。隋开广通渠，代替渭水航道；唐开升原渠向西延伸。隋炀帝自洛阳开通济渠，经黄河向东南，新汴渠代替故汴渠；又开邗沟及江南运河，航道规整，自宝鸡至杭州间水运畅通。为避航道险阻，于三门峡段开凿开元新河。在淮河下游，北宋开龟山运河、洪泽运河等，避免淮水的风涛。

1. 通济渠

黄河和淮河之间的水运，战国时已为鸿沟所沟通。西汉以后，这条运道便逐渐被汴渠（即汳水）所代替。三国、两晋和南北朝时期，又进一步对汴渠进行了整修和局部改建。隋炀帝在此基础上于大业元年（605年），"发河南、淮北诸郡民，前后百余万，开通济渠"❸。通济渠是隋大运河中最重要的一段，它分两段凿成：一段自今河南洛阳县西的隋帝宫殿"西苑"开始，引谷、洛二水达于河，大概循着东汉张纯所开阳渠的故道，由偃师至巩县的洛口入黄河；另一段自河南的板渚（今河南荥阳县汜水镇东北35里），引黄河水经荥阳、开封间与汴水合流，又至今杞县以西与汴水分流，折向东南，经今商丘、永城、宿县、灵璧、虹县，在盱眙之北入淮水。通济渠在今商丘以下趋向东南，直接入淮，这是与东汉的汴渠入泗不同的。因旧漕渠自今徐州以下，流经泗水。因泗水河道弯曲，又有徐州洪和吕梁洪之险，所以通济渠改行新道，撇开徐州以下的泗水径直入淮。同年，"又发淮南民十余万开邗沟，自山阳至扬子入江"。同时还进一步疏浚了山阳渎。通济渠和山阳渎共长2000余里，渠广四十步，两岸筑御道，并种了柳树，既可护岸，又可给牵船人遮荫。

2. 汴渠

汴渠，唐称广济渠，但唐代人民仍称为汴渠。它同古汴渠不同，古汴渠到开封的定陶一带，便同这个交通系统失掉联系。唐代则在开封开了一条湛渠，引汴水注入白沟（今河南开封县北），以通曹、兖等州。穆宗长庆初年（821～824年），又在兖州开盲山故渠，使泰山附近的渠系也纳入汴渠的交通网中。

唐代人民不仅扩大了汴渠北端的交通网，而且还于武则天垂拱四年（688年）在涟水县附近开新漕渠，南通淮水，北达海、沂密诸州。为了改善航运的安全，玄宗开元二十七年（739年），汴州刺史齐浣鉴于"淮汴水运路自虹县至临淮一百五十里，水流迅急。旧

❶ 马雍，《曲斌造寺碑所反映的高昌土地问题》，载《文物》1976年12期。

❷ 《吐鲁番阿斯塔那古墓群发掘简报》，《文物》1975年7期。

❸ 《资治通鉴·隋纪四》卷一八零。

用牛曳竹索上下，流急难制。浣乃奏自虹县下开河三十余里入于清河，百余里出清水。又开河至淮阳县北岸入淮，免淮流湍险之害"❶。睿宗太极元年（712年），又在汴水下游的盱眙开直河，由盱眙通扬州，但未成功。

1.4.4　海塘、城市水利等工程及其管理

江苏和浙江的海塘，起自杭州的钱塘江口，止于江苏常熟县福山港，全长400多公里。从常熟到金山的一段，约长250公里，历史上称它为江南海塘或江苏海塘；从平湖到杭州的一段，约长150公里，历史上称它为浙西海塘或钱塘江海塘。这个绵亘数百公里、宏伟壮观的世界上著名的海堤工程，长期捍卫着我国沿海富饶的江苏和浙江两省的广大地区和千百万人民的生命财产安全。

历史文献记载在三国时金山筑有"咸潮塘"❷，晋代修"沪渎垒"❸，到唐代，比较系统修筑的海塘才开始形成。

据《新唐书·地理志》记载，唐代先后三次比较系统地兴筑江、浙海塘，第一次是玄宗开元元年（714年），在杭州盐官县重筑"捍海塘堤，长百二十四里"。第二次是开元十年（722年），在越州会稽县（今浙江绍兴）东北40里，李俊之增修防海塘，"自上虞江抵山阴百余里，以畜水溉田。"第三次是代宗大历十年（775年）和文宗大和六年（832年）由皇甫温和李左次先后两次增修会稽县"防海塘"。这三次所筑的海塘有两点值得注意：一是第一次长度都在百里以上，说明唐代所修的海塘不仅规模大，而且比较系统了；二是第二、第三次都是"重修"或"增修"（特别是前两次），这说明早在唐代开元元年以前，这一带早已有海塘存在，并且规模不小。

《（雍正）江南通志》和《（嘉庆）松江府志》都说开元元年（714年）所筑的124里的盐官"捍海塘堤"起自杭州盐官，到吴松江止，而南宋《（绍熙）云间志》却说"西南接海盐界，东北抵松江"。究竟如何？尚待作进一步的考证。

1.5　以长江流域及其以南为主的发展期

1.5.1　治河防洪

南宋初（1128年）在滑州决黄河御金兵，河道南入泗河，夺淮河入海。金占领黄河流域后，百年间只有三四十年的局部修防，长年多道分流。金灭亡时（1234年）宋兵入开封，蒙古兵又在肋城附近决黄河，南淹宋兵。水流至杞县分三股入淮，主流走涡河。元代亦只有局部修防，河势南北摆动，逐渐趋于归得（至河南商丘）至徐州入泗水一条。至正十一年（1351年）贾鲁治河，堵塞向北的决口，挽回泗水故道，但效果不显著。明洪武二十五年（1392年），黄河又南徙，自颍水入淮，后又逐渐北移。由于向北决口会冲断山东运河，在以保漕运为主的治水方针下实行南分北堵。正统及弘治年间两次北决，冲断

---

❶　《旧唐书，齐浣传》卷一九零。

❷　《吴越备史》记载，三国吴主孙皓（264～280年）时，"华亭谷极东南，有金山咸潮塘，风激重潮，海水为害"。

❸　《晋史·虞潭传》卷七六记载，虞潭"又修沪渎垒，以防海抄，百姓赖之"。

张秋运河，立即大力堵塞，遂于北岸筑太行堤。黄河决口地点下移到山东曹县、单县以下至徐州段。嘉靖后期，黄河在这一地区分11股、13股漫流，南岸堤防也逐渐完成。这一时期，海河流域的漳河、滹沱河、特别是浑河（永定河）也常有水灾，筑堤修防。长江荆江段已陆续形成连续堤防工程。

1.5.2　农田水利

金朝北方农田水利多荒废。南宋时，西至川蜀、南至两广，塘堰灌溉及沿海御咸蓄淡灌溉工程大量发展。长江两岸圩垸已自下游、太湖流域向巢湖、鄱阳湖、洞庭湖和江汉平原发展；珠江下游堤围也迅速兴起。这一形势，元、明两代继续维持。但是，南宋是围田和圩田在长江下游已出现过多的现象，形成旱无所蓄，涝无所排，于是有废田还湖的争议。元、明、清治理太湖就是以修塘、理浦、疏泄积水为主。清代洞庭湖等垸田，也有同样的问题。芍陂、郑国渠、南阳等古代灌区虽有修治，但都是逐渐缩小。元代曾大修宁夏灌渠。沁河灌渠有所扩大。元代曾在云南、广东雷州半岛及蒙古大兴水利。

1.5.3　水运

金代，汴河已经瘀废不通。开中都（今北京）至通州间漕渠。元、明两代建都北京，仰赖江南财赋，于是修建京杭运河：至元二十六年（1289年）开山东段会通河，至元三十年（1293年）开凿大都（今北京）至通州的通惠河。自大都起，经通惠河、北运河、南运河、会通河至徐州入黄河，至淮阴西的清口（黄淮运交汇处），再南入里运河过江，入江南运河直达杭州，京杭运河全线贯通。会通河段以汶、泗为水源，因水量不足，运输量不大。明初，黄河决口淤塞会通河，永乐九年（1411年）重开时，改进汶水入运的分水工程，并经常引黄河水接济。于是，每年漕运400万石南粮至北京，成为南北交通大动脉。通惠河明代名大通河，不如元代通畅，京东的通州成了主要转运码头。

1.5.4　其他

元代著名科学家郭守敬是一位有突出成就的水利专家。这一时期的主要文献有《宋史》、《金史》、《元史》、《明史》中的《河渠志》、《四明它山水利备览》、《三吴水利录》等。《王祯农书》详载水利田制、田间工程、提水机具、水力机具等。南宋以后各地区都编修地方志，多有水利方面的记载。

1.6　普遍恢复及衰落期

1.6.1　防洪治河

明隆庆以后，在治理黄河中潘季驯提出以堤束水，以水攻沙，着眼于治沙，并主张固定河道、堵口修堤、修建水坝、修筑高家堰，形成大库容的洪泽湖，拦蓄淮河水，并蓄清刷黄。清康熙时，靳辅、陈潢沿用并发展了潘季驯的治黄思想，以后遵循不变。清代，极重视治黄，花费大量人力、物力。但是中期以后政治腐败，治河官吏贪污腐败更甚。咸丰五年（1855年）黄河在河南铜瓦厢决口，夺大清河入海，黄河下游灾害继续加深；20世纪上半叶，35年中（1912～1946年）决溢107次，天灾人祸达到极点。1938年人为掘郑州北花园口大堤。金代虽有多项导淮方案，但实施工程不多。长江逐渐形成自湖北至海口堤防 6000 余里，各大支流也修了堤防，均有水灾记录。永定河自康熙时虽已修有系统堤防，但仍不断决溢。其余各大河流都逐渐有了堤防，但灾害时有发生。

1.6.2 水运

京杭运河由引黄济运变为避黄行运。明嘉靖末至清康熙时期，先后开南阳新河、珈河、中运河与黄河间隔，仅在清口一处与黄河交叉。清口由于黄河淤积，堵塞淮水出路，阻隔运道，成为清代治理的重点。道光年间终于淤塞不通。咸丰五年黄河改道后，海运代替了内河运输，运河日益荒废，民国时仅有局部通航。金代，帝国主义入侵，长江等内河航运虽有发展，却成为入侵者的通道。

1.6.3 其他

近代西方技术迅速发展，明代后期开始传入中国。清代后期中国一些学者到西方学习并开始系统地将西方水利科学技术带回，也有一些西方学者来中国研究中国的水利。西方水利科学技术的引入，并与中国传统的水利科学技术的结合，促进了中国水利技术和水利理论的发展，例如综合治理黄河，制定了淮河、海河等河流流域治理规划和建设泾惠渠、运河上的新型船闸等，都为水利事业的进一步发展作了准备。

这一时期的重要文献有《河防一览》、《治河方略》、《行水金鉴》、《续行水金鉴》和李仪祉等近代水利专家的著述等。

1.7 全 面 繁 荣 期

中华人民共和国成立时，水利基础设施十分薄弱，全国仅有江河堤防约 4 万公里，水旱灾害严重。在中国共产党和人民政府的统一组织下，有关部门对主要江河编制了综合治理规划，进行了大规模水利建设，水利事业全面发展。经过几十年的奋斗，水利部门做了大量的勘测、规划、设计、科研等工作，建设了众多的工程，科学技术水准得到了全面提高，一些领域已进入了世界前列。这段时期成为了中国历史上水利建设规模最大、效果最显著的时期。水利作为国民经济和社会发展的重要基础设施的地位和作用越来越突出。

1.7.1 防洪治河

按照"蓄泄兼顾"和"除害与兴利相结合"的方针，对大江大河进行了大规模的治理。到 2000 年底，全国已建成江河堤防 27 万公里，建成大中小型水库 8.5 万余座，全国主要江河初步形成了以堤防、水库、蓄滞洪区等组成的工程防洪体系，以及预测预报、防汛调度、洪泛区管理、抢险救灾等组成的非工程防护体系，防洪能力有了明显提高。

1.7.2 农田水利

在有效灌溉面积由 1949 年前的 1600 万公顷增加到 2000 年 5500 万公顷；机电排灌总动力由 7 万千瓦发展到 7000 多万千瓦，其中排灌机械装机容量达到 4157 万千瓦。全国除涝面积累计达到 2093 万公顷，占易涝面积的 85％；盐碱地改良面积 587 万公顷，占盐碱地的 76％；1/3 的渍害低产田得到治理。提高了农业抗御水旱灾害的能力，对农业生产持续发展发挥了重要作用。

1.7.3 城市供水

兴建了大量的蓄水、引水、提水工程，形成了比较完善的供水保障体系。全年供水能力 5800 亿立方米。为了满足城市发展对象对水的需求，修建了一批远距离、跨流域的城市水源工程，例如引滦入津、引黄济青、引碧入连、东江—深圳供水和西安黑河引水等工程。城市供水能力显著提高。

1.7.4 水土保持

到 2000 年底，全国累计治理水土流失面积 80.9 万平方公里。经过治理的地区，有效地保护了国土资源、减轻了对河道和水库的淤积，改善了生态环境，促进了经济的发展。

1.7.5 水利发电

一大批举世闻名的水利水电枢纽已经建成或正在建设。水电装机容量由 1949 年的 36 万千瓦增加到 2000 年底的 7700 万千瓦；年发电量由 1949 年的 12 亿千瓦·时增加到 2043 亿千瓦·时。农村的水电建设获得了很大的发展，2000 年底，已有 653 个县实现了农村初级电气化，促进了农村经济的发展。

1.7.6 水运

对运河和天然河道的航道进行了大力整治，扩大了水运能力。北方由于工农业用水持续增加，内河航运逐步衰退乃至断航。

第2章 流域水利史

2.1 长江水利史

长江是我国第一大河流，在漫长的奴隶社会和封建社会，勤劳智慧的各族人民在长江流域沿河凿渠、发展生产，把长江两岸变成富饶之地，形成了以长江流域自然山水为背景，以道家为主干，融合了儒、墨、法、佛等家思想，连接藏、蜀、楚、吴四域文明的文化，铸就了兴水利、除水害的光辉历史。

2.1.1 先秦时期

春秋战国时期，长江航运，自巴蜀至荆楚，自荆梦至吴越，干支流上交通频繁。此后人工运渠渐多。《史记·河渠书》记楚地西部有渠通汉水云梦之野，东部有渠通鸿沟江淮之间，吴地有渠通三江五湖，蜀地则李冰穿二江成都之中。这些渠道都可通航，还可引水灌溉，航运、灌溉之利已遍及长江上中下游。

楚怀王六年（公元前 323 年）铸造的鄂君启节中的舟节（商运通行证），详细记述了自鄂城（今湖北鄂城）通向长江干支流的航线。向南有洞庭湖水系，由湘水可通今广西全州及湖南郴县一带；向西沿长江干流可通江陵，向东沿长江干流可通安徽枞阳；向北由汉水、唐白河可通今河南南阳市。所涉及的省、自治区为鄂、湘、豫、桂、赣、皖等。先秦长江下游向南水运除江南的水道外，还有中江水道，自今芜湖东沿水阳江，通太湖。

秦昭王二十八年（公元前 279 年）白起攻楚鄢郢（在今宜城县南 8 公里），筑堰遏鄢水（今蛮河）灌城，后人利用这一渠堰开为渠塘结合的灌区，称白起渠，可灌田 3000 顷。秦昭王末年（约公元前 256～前 250 年）蜀郡守李冰修都江堰，分岷江水灌溉成都平原，兼有防洪、航运的效益。

2.1.2 秦至南北朝时期

1. 航运

秦灭六国后，为了统一岭南，命监郡御史禄，开凿灵渠，沟通湘江和漓江，即沟通长江和珠江两大水系。水运由关中可以到达广州。

汉代江南运河已经形成。西汉早期吴王刘濞曾开茱萸沟运河自广陵（今扬州）至海陵（今泰县），即今通扬运河的前身。汉武帝时曾试图开通汉水支流褒水和渭水支流斜水的运道，中间经过一段陆运，以江、汉、褒、斜水道代替以渭水、黄河、淹渠、泗水、邗沟到长江的运道，但未成功。相传东汉初马援南征曾重修灵渠。东汉安帝时武都太守虞诩开嘉陵江上游沮县（今略阳东）至下辩（今成县）运道。

三国时，江淮水运除邗沟外，《水经注》上还记载了长江通巢湖、南淝水、东淝水至淮河的水道沟通情况，但历来对此运道的存在与否有两种不同意见。孙吴自今丹阳至句容间开破岗渎、通秦淮河，再通长江，是最早设堰埭的运渠。萧梁时又在其南平行开上容渎。

　　西晋杜预在荆州开江汉之间的杨夏运河，过江与洞庭湖连通，缩短汉水、江水、湘水间水运路程。相传东晋元帝时也在江汉之间开槽渠至江陵。

　　自东汉至南北朝邗沟多次改线，东晋时已设有水门、堰埭等，自今扬州向仪征的运河也已经开通。隋初又整修邗沟，当时名山阳渎。江南运河镇江段亦设有堰埭。六朝以长江为天险，以荆州为军事重镇，荆州至首都建康（今南京）的水运竭力保持畅通。长江支流汉、湘、赣等江的水运也极频繁。

　　2. 农田水利

　　西汉景帝时蜀郡守文翁在岷江流域筑湔堰，在武阳县（今四川彭山县东）引岷江水筑大堰，开六水门灌溉。王莽时益州太守文齐兴修滇池水利溉田 2000 余顷。蜀汉时都江堰和汉中灌溉都在发挥作用。

　　汉水上游的山河堰相传创自西汉萧何。汉元帝时南阳太守召信臣在今唐白河流域创建六门堰、钳卢陂等大量灌溉工程，并制定用水制度。东汉初，太守杜诗又整修并创制"水排"，西晋杜预、南朝宋刘秀之、沈亮，又兴复扩建。东汉时汉水支流蛮河流域除白起渠外还扩建水里沟溉田 700 顷。三国时沮漳河上游的沮中地区是有名的灌区。东汉建安二十四年（219 年）吴将周泰在涔坪屯田，于澧水支流涔水上建堰引水灌田数千顷。孙吴时还在巴水及富水上兴屯田水利。东晋时在松滋附近曾开渠引水溉稻田，相传南朝宋年间在枝江（今枝城东）也筑堰灌溉，还在南昌南塘筑堤立水门。安徽、江苏境内兴修工程更多。北岸有吴陂（今潜山县西），七门堰（今舒城西南）。后者相传是西汉初羹颉侯刘信创建。东汉建安时刘馥屯田，对这两项工程都利用过。东汉章和元年（公元 87 年）马棱为广陵太守，在扬州境内兴修陂湖溉田 2 万余顷；初平中（190 年左右）陈登修广陵水利，筑有陈公塘等工程。今安徽和县境亦相传有三国孙吴时所开水利。今南京附近，六朝塘堰很多，其中以句容县西南赤山湖为最大。相传吴赤乌时修塘引水成湖，南齐时又修，唐代曾两次修复，周长百里，溉田万顷，至近代湮废。孙吴永安三年（260 年）修丹阳湖田，作浦里塘，但未成功。西晋时开丹阳练湖。东晋大兴四年（321 年）修曲阿新丰塘（在今镇江东南 18 公里），灌溉附近四县田 800 顷。

　　3. 治河防洪及其他

　　西汉初年江汉开始有洪水灾害的记载。西汉高后三年（公元前 185 年），荆江河段、汉水溢，淹 4000 多家；高后五年二水又溢，淹万余家，都发生在荆江段及汉水中游。汉代襄阳附近汉水上已有大堤。东晋时修江陵城南金堤，为荆江堤防的开始。南北朝时，今武汉和沅江上也有了堤防。长江口附近，相传东晋时已有海堤。

　　魏晋南北朝时，常用水战攻城，因而形成人为水灾。孙吴赤乌十三年（250 年）"遣军十万作堂邑（今六合县）涂塘，以淹北道"。涂塘在今六合县西 28 公里滁河上，当时是为了防御魏兵。此后 20 年吴将陆抗在江陵城北筑大堰壅水防御，五代时重筑，南宋时筑成三海八柜，防御北兵，元统一后废除。南北朝时，江陵曾多次被掘江堤灌城。

2.1.3　隋、唐、两宋时期

全国农业经济重心逐渐南移，长江流域水利大力开发。

1. 航运

长江干流航道唐代已极兴盛，三峡以下扬州、洪州（南昌）、鄂州（武汉）等都建了重要河港。内河航运单船载重至万石以上，水手多至数百，船上有街巷和菜园。

隋代扩大改建邗沟和江南运河。唐后期灵渠上已建有 18 重斗门，宋代最多时有 36 重斗门。自黄河，经汴渠、邗沟通长江，西可以至巴蜀。南行有三路至广州：经江南运河至杭州，由富春江至浙南转陆路入信江，经赣江转陆路过大庾岭，入北江至广州；经长江直入赣江；入湘江过灵渠，由西路至广州。

唐景龙年间（707～710 年）崔湜开汉水支流丹水通商州（今商县），转陆运一段，至蓝田入灞河，通渭水，漕运至长安。中唐以后也常利用丹水航道，曾有开运渠之说，但未实行。北宋太平兴国三年（978 年）发数万人开白河运河，通蔡河，至汴京。自南阳下向口筑堰，壅白河水北流，共开百余里至方城，因地势过高停止。后 10 年开江陵城漕河至狮子口，入汉水，通襄阳，后又议开白河北通汴渠，亦未实行。

唐开元二十六年（738 年）润州刺史齐澣以镇江北渡江，绕瓜步洲需迂回 60 里，乃于瓜洲开伊娄河 25 里至扬子县接淮扬运河，并立伊娄埭，渡江只需 20 里。唐末台濛于水阳江建五堰，行小船至溧水通太湖。北宋宣和七年（1125 年）又开这一河道自芜湖，由宣溪、溧水可转通江南运河。北宋时曾修治今安徽境内大江若干段。自唐代即曾尝试自泗州淮河开直河通长江，都未成功。北宋崇宁二年（1103 年）开遇明河，自真州（今仪征县）宣化镇江口至泗州淮河口，五年完工，用以代替邗沟，后不久淤废。唐宋时，淮扬及真扬运河以陈公塘为主要补充水柜。江南运河以练湖为重要水柜。所谓"湖水放一寸，河水长一尺"是对补水情况的描述。唐代曾开常州孟渎直通大江，宋代自江南运河通江之港还多些。

2. 农田水利

都江堰至唐代日益完善。开元、天宝年间章仇兼琼又引岷江等水兴修多处灌溉工程，大者如彭山、新津之通济堰、远济堰。前者溉田 1600 顷。五代重修，合两堰为一，宋代溉田 3400 顷，至今还发挥作用。成都之北沱江上源，唐宋亦多灌溉工程。

沅江流域武陵一带（今常德市）唐代为一水利区，溉田千顷以上的工程有：开元二十七年（739 年）增修城西北的北塔堰；大历五年（770 年）修复城东北的槎陂；长庆元年至二年（821～822 年）兴筑的考功堰及右史渠等，后者灌溉农田 2000 顷。湘江流域五代时修长沙龟塘，号称灌田万顷，南宋时曾重修。赣江流域，唐元和三年（808 年）洪州刺史韦丹在南昌一带兴水利，开陂塘 598 座，溉田 12000 顷。九江、鄱阳也有水利工程兴筑，宜春开了李渠。

江陵境内唐贞元八年（792 年）李皋曾堵塞古堤决口，开垦良田 5000 顷。宋代汉水流域兴建水利工程较多。汉中引褒水的山河古堰，北宋时多次重修，南宋初扩大溉田至 2300 顷。汉水中游南阳一带，嘉祐、治平年间（1056～1067 年），唐州（今唐河县）知州赵尚宽和高斌，兴复旧陂渠，号称溉田 4 万顷。襄阳一带咸平二年（999 年）漳河上有堰引水溉田 3000 顷；宜城蛮河引水溉田 300 顷。至和二年（1055 年）浚宜城长渠，后 11

年又开长渠和木渠沟通，号称溉田 6000 顷。熙宁年间大兴水利，漳河灌区称扩大至 6600 余顷。南宋时汉水中游为金宋边界，多兴屯田水利，木渠、长渠曾整修七八次。绍定元年（1228 年）宋将孟珙于枣阳创筑平虏堰，称灌田 10 万顷。

皖南青弋江、水阳江流域唐代南陵县大农陂称溉田千顷；永丰陂，两宋都曾维修过，各灌三五万亩。宣城县有德政陂，其余尚有不少小型陂塘。常州一带唐大历、元和年间曾引江灌溉。元和八年（813 年）孟简开孟渎，溉田四千顷，是当时规模最大的一处。唐中期以后今皖南、苏南圩田及围田迅速发展。圩田最早出现在皖南及丹阳、石臼等湖区，以后太湖流域出现围田或圩田，同是一类。湖南、湖北称垸。江东（今南京以南至皖南一带）称圩，五代已大量开发。大圩方数十里如大城，中有河渠，外有门闸。北宋中期皖南沿江已有圩千区以上。其中最大的是宣州政和圩和垦石臼湖形成的永丰圩等。南宋时江北沿江及巢湖流域、江西鄱阳湖流域，上至荆江南北都已有了圩垸。南宋初沿荆江上下营田，淳祐时（约 1241～1252 年）宋将孟珙自秭归至汉口沿江屯田，筑堰募民垦田 488000 余顷。

3. 防洪治河

唐宋荆江堤防逐渐修筑延伸，宋代江陵附近有寸金堤、沙市堤、黄潭堤等，南宋荆江北岸堤防已大致连成一片，南岸也有不少堤防。乾道时（1170 年左右）上自枝江下至石首、沔阳，堤防已很普遍，两岸分流穴口陆续堵塞。汉水下游堤防，五代时已逐渐修筑，南宋时已渐成一体。其余例如武汉上下、赣水下游都有了堤防。江苏境内有潮段江岸，宋代已出现了海堤。

2.1.4 元、明、清、民国时期

1. 航运

元代开通京杭运河全线，对江南运河及江淮间运河虽有所整修，但其成就远不如北宋。复闸、澳闸都不再使用。练湖、陈公塘等水柜日益淤塞，水位由深变浅。明代建立较完善的管理制度。长江上游来船常从仪征入运河；从江南运河过江的船，常从瓜洲入运河。仪征瓜洲江口多设闸坝控制，并有疏浚制度。明代前期和中期江南运河北行船有时从常州孟渎过江，直接北岸白塔，经宜陵接通扬运河，再转入京杭运河。还有部分船只从德胜新河过江，接泰州北新河。镇江段运河也有分叉河道过江。清代丹阳、镇江段运河有挑浚制度，练湖已失掉蓄水济运河的作用。

明初建都南京，曾开胭脂河由太湖、胥溪经固城、石臼诸湖通秦淮河。自水阳江通太湖的旧运道也一度利用过，后建东坝拦断。扬州东北之湾头东通通州（今南通）界，有通扬运河，又名运盐河，有各分支通沿海各盐场。

清代为运输云南的铜，曾加宽金沙江运道，至鸦片战争后，帝国列国利用长江航道，抢夺财物，引进轮船运输，运量猛增，长江成为帝国主义入侵的通途。

2. 农田水利

元至元十一年（1274 年）建云南行省，平章政事赛典赤·瞻思丁修昆明东北松花坝，号称灌田万顷，又疏浚滇池出口——海口。明清两代续修盘龙江等六河灌渠。明清多次大修滇池水利，并建海口石闸。1912 年于海口修成石龙坝水电站，是中国内地第一座水电站。都江堰在元、明都曾大修过，清初衰落，至乾隆时始恢复，道光、光绪中曾大修。

元代及明前期长江中下游沿江及汉水下游大量发展圩垸。明中期以后至清代，洞庭湖地区圩垸发展极快，清中期以后因侵占水域太多，湖泊蓄泄作用减少，屡次创毁圩垸，退田还湖，但增修多于废毁，至民国末年湖南境内已有圩垸近千处。皖北、苏北圩田至明代已与江南媲美，西自和州、无为，东至泰兴、江都都大量修建。至清代，安徽长江两岸几乎每县都有，大垸常有田数十万亩。江西南昌附近及鄱阳湖地区圩垸也有很大发展。元代以后，太湖流域治理常以疏浚排水为主。排水入江水道有浏河、白茆等河浦，明清时有数百次修治。

3. 防洪治河

元明清时荆江大堤已完善，决溢次数亦随之增多。据不完全统计，自明初至清末约平均 10 年左右有一次决溢。乾隆五十三年（1788 年）长江大水，荆江大堤缺口，淹没江陵城，用银 200 万两，修复 12 县 20 余处决口。以后加强堤防修筑和守护。荆江南北古有九穴十三口之说，至清末仅有南岸四口。汉水下游两岸堤防自钟祥以下，明代已连成整体，但决溢也逐渐增多。湘、资、沅、澧诸河下游亦有局部堤防，洞庭湖堤防往往和圩垸堤防不分。岳阳至武昌江南岸三百里堤防至清代亦形成。自武汉至黄石堤防，民国时已修成了。北岸自沔阳至蕲春，宋代已有局部堤防，民国时已连成长堤。黄梅、广济大堤起源于明前期。安徽境内的同马大堤则起源于清道光时，至 1957 年才完成。赣江干支流及鄱阳湖堤防民国时共长约 1500 公里，始建于魏晋南北朝时，历代修防亦勤。安徽北岸无为大堤始建于宋明时期，南岸堤防断续不相接，民国时两岸堤防共约 1300 公里。江苏境内两岸有堤，多为防御风潮的海堤，起源于宋代，民国时长约 400 公里。1931 年长江大水，灾区遍及湘鄂等 5 省，大修干支流堤防约 2500 公里。1935 年又一次大水，灾害损失，仅次于 1931 年。

2.1.5 中华人民共和国时期

长江流域治理开发由单目标治理到多目标的综合利用，进入了高速发展时期，可以分为 3 个阶段。

1. 1949～1957 年恢复发展阶段

中华人民共和国成立之初，长江流域相继遭受了 1949 年大水，1952 年、1953 年连续干旱，以及 1954 年特大洪水。长江流域各省大力恢复整修和加高加固江河堤防，使长江中下游干支流河道堤防高程达到当地 1949 年或 1931 年实测最高洪水位超高 1 米的标准。恢复整修和重点兴办小型排灌工程，仅四川、湖北、湖南三省就修建塘堰等小型水利设施 300 多万处。同时，开始兴建大型水利枢纽。以灌溉为主要任务的，有 1954 年兴建的湖北钟祥石门水库，1956 年兴建的湖北随州黑屋湾水库；以发电为主要任务的，有 1954 年兴建的重庆龙溪河的狮子滩水电站，1955 年兴建的江西上犹江水电站。

1950 年成立长江水利委员会，设立各省（自治区、直辖市）水利水电厅（局）。长江水利委员会推出以防洪为主的治江战略规划。1950 年兴建大通湖蓄洪垦殖区，1952 年兴建荆江分洪工程，1956 年兴建汉水杜家台分洪工程，对干支流堤防也部分进行了加固。1953 年长江水利委员会成立长江汉江流域轮廓规划委员会，进行长江中游防洪排渍规划、汉水流域规划；同时进行三峡工程和南水北调的研究，1955 年，开始编制长江流域规划。20 世纪 50 年代初即开始了长江河道整治工作。

2. 1958～1976 年曲折发展阶段

1958 年，中共中央政治局会议通过了《中共中央关于三峡水利枢纽和长江流域规划的意见》，确定了长江流域规划的指导方针和工作原则。1959 年编制提出的《长江流域综合利用规划要点报告》，明确了三峡水利枢纽是治理开发长江的关键工程。

这一阶段长江流域开工兴建了大量的水利水电工程，包括大中小型水库 4 万余座。其中大型水库 106 座。这些大型水利枢纽都具有防洪、灌溉、发电、综合经营等综合利用效益。这一阶段还大规模兴建了防洪排涝工程、灌溉工程，进行了长江中下游护岸崩岸治理，实施了下荆江裁弯截直工程。裁弯截直工程缩短了河道流程，河道曲率和浅滩都有较大改善，航运效益显著提高。

丹江口水利枢纽是汉水流域规划南水北调中线方案的关键工程，于 1958 年 9 月动工兴建，1962 年因质量问题暂停施工，1965 年按坝顶高程 162 米建设，1973 年建成。1970 年，开工兴建葛洲坝工程，于 1988 年竣工。

3. 1977 年后改革发展阶段

这一阶段的初期，长江水利建设的重点，从以大规模新建工程为主，转向以巩固提高已有工程的效益为主；重点建设已有防洪工程的薄弱环节和在建工程的尾工配套。以荆江大堤、同马大堤、无为大堤等堤防为重点进行加高加固建设。与此同时，加强了洞庭湖区、鄱阳湖区及两大湖区水系的治理。赣江、滁江、巢湖等原来洪灾较严重的地区，也进行了大规模的防洪建设，提高了防洪标准。1990 年长江水利委员会修订提出的《长江流域综合利用规划报告》经国务院批准，成为长江流域综合开发、利用、保护水资源和防治水旱灾害工作的基本依据。

这一阶段，长江上游相继兴建了龚嘴、宝珠寺、白龙江、乌江渡、二滩等大型水电站，对长江上游地区提供了清洁廉价的电能。长江三峡工程可行性论证于 1992 年完成，并经全国人民代表大会常务委员会第七届五次全会审查通过，于 1994 年冬正式开工建设。

按照"蓄泄兼筹，以泄为主"的防洪方针，长江中下游 3600 公里干堤全面加高加固，可基本达到防御 1954 年实际洪水的标准；配合湖泊洼地分蓄洪，基本可抵御 1954 年型洪水。1998 年长江流域大水后，全面进行长江干堤及主要支流堤防的加高加固。

截至 2000 年，长江流域蓄水、引水、提水总有效灌溉面积达 1492 万公顷，占总耕地面积的 65.5%。累计治理水土流失面积 2326 万公顷。进行长江中下游重点河段整治和长江口的治理，其中整治崩岸线 1200 公里，占总崩岸线的 80%。长江航道经整治崩溃险滩、炸除礁石，提高了航道等级，加大了航运能力。但长江上建桥多，阻碍航运能力提高的问题不容忽视。

2.2 黄河水利史

黄河有 70 多条支流和众多的大小川溪，自远古以来人们就利用黄河水系供应人畜用水、灌溉农田、开辟水路运输，使黄河流域经济和文明得到巨大的发展，成为中华民族文明的主要发源地。她最早把华夏民族推进文明时代，最早孕育出世界上最强大的统一帝国。

黄河受上中游黄土高原水土流失和水量洪枯变化剧烈的影响，河水含沙量很大，形成所谓"善淤、善决、善徙"的特点。黄河改道频繁，其范围北达海河流域，南至淮河流域。自古以来人们一直为防止黄河水害，开发黄河水利而进行斗争，形成了黄河水利史特殊的内容。

2.2.1 大禹治水至东汉前期

传说中的大禹治水是以黄河流域为主的古代治水的概括：疏导洪水由支流至干流而入海，使洪水不再泛滥，人民"降丘宅土"，得以在平原生活，陂障湖泽，开辟沟洫，发展农业。《尚书·禹贡》中还记载当时的水运交通线路，以冀州（今山西及河北大部）为中心的四通八达的水道和各地的地理情况。这是基于以黄河流域为中心的全国基本情况的理想化描述。在《尚书·禹贡》及《周礼·职方氏》等先秦文献中把全国划分为九州，其中有6个州涉及黄河流域，都有灌溉、水运及水产之利。

1. 治河防洪

战国以前黄河堤防建设可远溯至禹的父亲崇伯鲧筑堤的传说。春秋时齐桓公称霸，会诸侯于葵丘（公元前651年），盟约中"无曲防"一条，规定不得修筑以邻为壑的堤防，这种"曲防"多发生在黄河流域。相传齐桓公曾将黄河入海的9支填塞了8支，以扩大自己的疆土。《左传》记载敬帝襄公十八年（公元前555年）齐国济水南岸有堤防；《国语·周下》记载周灵王二十二年（公元前550年）国都王城（今洛阳）受谷水、洛水的威胁，曾筑堤壅堵。春秋末期黄河下游各诸侯国境内都有了局部堤防。春秋末期已有"河绝"记载，就是指河决或改道，有决溢也说明当时已有堤防。赵魏与齐以黄河为界，齐地较低，在东岸离河25里筑堤拒水，赵、魏也在西岸离河25里筑堤防止河水泛滥，这是明确的黄河筑堤记载。黄河多沙，易淤高河床，堤防也随之加高，就容易决溢；或者作为战争中的水攻手段人为决堤。魏惠王十二年（公元前359年）就有楚兵决黄河南岸（约在今滑县东）淹魏地长垣（今长垣县东北）的记载。稍后，赵人也曾决黄河攻击齐魏军队。战国末年（公元前225年）秦兵引黄河水灌大梁（今开封）。秦汉时黄河已成为地上河。修堤堵口的技术逐渐发展，战国时已有筑堤名人白圭，自称技术超过禹。堵口已有"茨防"，可能就是后代埽工。《管子》记载了堤防岁修制度及一些施工技术。

由于黄河洪枯水位差很大，冬季枯水时空出大片滩地，淤土肥沃，居民往往垦种，水稍大时筑堤防护，形成后代所指的民堰，它们的质量一般不如大堤。这样就造成堤内有堤，堤防系统混乱，蓄水区被侵占，水大则易决溢成灾。秦统一六国后曾整顿过河川堤防，但到汉代，黄河决溢仍很频繁。西汉大决口在12次以上。汉文帝前元十二年（公元前168年）河决酸枣（今河南延津县），派工堵筑，是西汉有记载的第一次堵口。汉武帝元光三年（公元前132年）瓠子（今濮阳县西南）决口，南入淮泗，灾情严重，泛滥了23年后才堵复（见瓠子堵口）。堵口工程浩大，汉武帝亲自到现场督工。堵口后又在下游馆陶决口，分成屯氏河，该河与黄河并流70余年。灾情大的还有汉成帝建台四年（公元前29年）决馆陶和东郡金堤，32县受灾，淹没土地15万顷，房屋4万余所。河堤使者王延世堵口成功。后二年又在平原决口，再后十年泛滥最下游数郡，决口未堵，灾情严重。这一时期治河工程不多，议论方案不少。最著名的有贾让治河三策，张戎以水刷沙以及分流、滞洪、改道等各种议论，还有任其自然一说。西汉实施的工程除堵口、修堤坝外，还有分流、裁弯取直等。

王莽始建国三年（公元 11 年），河决魏郡（今河北南部一带），灾区向北扩大。这种自流泛滥的局面维持了几十年，直到东汉明帝永平十二年（公元 69 年）才令当时著名的水利专家王景负责治理。他率军工数十万修汴渠、治黄河。用了一年时间，用费在百亿（钱）以上。自王景治河后，河行新道维持了 900 多年未发生大改道。汴渠成为东通江淮的主要水道。

2. 农田水利

商周以来相传有井田制度，用田间的沟洫、道路把田块分为"田"形。当时已有引水灌稻田的记载。春秋时开沟洫灌溉的记载更多，《周礼》明确记述了田间灌排系统。

先秦黄河流域灌溉工程最早的有公元前 453 年在汾水支流晋水上修建的智伯渠，用来筑坝壅晋水攻晋阳城，后人利用此渠道灌溉。战国初魏文侯二十五年（公元前 422 年）邺（今河北临漳县西南约 20 公里）令西门豹引漳水开十二渠，漳河当时是黄河支流。秦始皇元年（公元前 246 年）在关中兴修了引泾水灌田四万顷的郑国渠，秦国因此富强起来，最后统一六国。今河南引沁水和丹水的灌溉相传也始自秦代。

西汉武帝时（公元前 140～前 87 年）兴起开发西北水利热潮，关中工程最多：有引泾的白公渠，灌区和郑国渠相连，合称郑白；郑白渠旁的高地还开有较小的六辅渠，还有引渭水的成国渠（也延续了千年以上）和引洛水的龙首渠等。这些都是"且溉且粪"引浑水淤灌。汾水下游和附近黄河上也开过渠道，但不甚成功。汉武帝时由于与匈奴作战的需要，还在黄河上游开发河套一带水利。元狩四年（公元前 119 年）自朔方（今后套一带）以西至令居（今甘肃永登县境）大量开渠屯田。太初元年（公元前 104 年）又沿黄河自今山西西北部、内蒙古、宁夏以至甘肃河西走廊，用 60 万兵士开渠引河水及山谷水屯田。现宁夏引黄灌区有汉渠和汉延渠，都是长达百里以上的渠道，应始自西汉。东汉时也在这一带浚渠屯田，通水运并利用水力。宣帝时（公元前 73～前 49 年）大将赵充国在黄河上游的湟水流域曾进行军事屯田，用兵万人以上，浚沟渠，开田 2000 顷。

黄河下游，西汉时济水支流汶水上有引汶灌区，济水入海口之南（在今广饶之东）有引巨定泽灌溉工程，也都是有名的灌渠。

3. 航运工程

黄河水运亦始自远古。《左传》僖公十三年（公元前 647 年）记载的"泛舟之役"是首次见于记载的大规模水运。当时晋国饥荒，秦国援助大批食粮自秦都雍（今凤翔南）经渭水、黄河、入汾水至晋都绛（今翼城东），船只络绎不绝。

黄河流域最早的人工运河是鲁哀公十三年（公元前 482 年）吴王夫差所开"商鲁之间"的菏水，在今山东鱼台和定陶之间，沟通泗水和济水；其次是战国时魏惠王十年至三十一年（公元前 361～前 340 年）所开通的鸿沟。鸿沟以黄河水为源连接济水、泗水、睢水、涉水、沙水、涡水、颍水，是沟通黄河和淮河的重要航道。通泗水一支，后称汴渠，成为西汉以后通江淮的最重要航道。西汉武帝时于长安西北引渭水向东开槽渠至潼关通黄河。这条漕渠沿终南山麓与渭河平行，代替迂回曲折的渭河航道。这样可由长安经漕渠入黄河，再由汴口入汴渠至徐州入泗水，再至淮水，经邗沟通长江，入江南水道至杭州，形成一条贯穿东西的大运河。黄河三门峡段是这条航线的最险段，西汉鸿嘉四年（公元前 17 年）曾施工开凿三门砥柱，但未成功。东汉建都洛阳，建武五年（公元 29 年）曾穿渠引谷水注洛阳,未成功;18 年后改引洛水入洛阳城通漕运,称阳渠,由洛水至黄河。两汉都城都有漕渠通入,便利运输,也向城市供水,后代都城也往往有这种措施。

2.2.2 东汉至北宋末时期

这段时期的水利由于战乱停滞数百年,隋唐统一后恢复治理黄河,但到唐中叶以后水患开始增多。

1. 治河防洪

王景治河后黄河下游决溢较少,有一个小康时期,三国时有几次决溢记载。从西晋大乱至南北朝 400 年中,既无修防记载,亦无决溢记载,但当时黄河是多支分流,通联许多湖泊,堤防长年失修,河流成放任自流状态。由于政治混乱,战争频仍,人烟稀少,可择高处而居,成灾的机会也少。据文献记载,这 400 年中可能有二三十次水灾是由黄河引起的。隋统一全国后,唐代前期大修堤防,隋唐 300 多年中有 20 几次决溢记载。五代时决溢频繁,平均两年多一次,局部修防增多。北宋的 168 年(960～1127 年)中平均一两年一次。北宋全力治河,投入大量人力物力,管理制度较严密,技术水平有所提高,但空议论多,治水方针不明确,效果不显著。

北宋关于治河方针的争论最多的是东流北流之争。王景治河时旧黄河道称京东故道,景祐元年(1034 年)决澶州(治所在今消阳)横陇埽,自旧道北东流,下游复合旧道,称横陇故道。庆历元年(1041 年)黄河自澶州商胡埽向北决口,至今天津附近入海,宋人称为北流。嘉祐五年(1060 年),黄河自大名向东分一支,称二股河,宋人称为东流。于是以后有人主张维持北流,有人主张维持东流。至北宋灭亡,曾两次堵北流入东流,都维持不久又回北流。用人力大改黄河河道,只有宋代尝试过,但都失败了。

2. 农田水利

东汉后期,黄河流域仅维持旧有工程,新建很少。三国时建树也不多,见于记载的仅有关中曾引洛水于同州(治今大荔县)筑临晋陂,引千水重开成国渠,二者灌田 3000 余顷;河内(今沁阳一带)于魏黄初六年(225 年)左右曾修引沁水灌溉的枋口堰,改造进水木门为石门。前秦苻坚时(357～385 年)曾重修郑白渠。南北朝北魏初建时(约 395 年左右)曾于"五原至稠阳塞外(今包头市东西)"黄河北岸开水利屯田。后 90 余年仍有黄河上中游及泾渭流域开发水利记载。北魏太平真君五年(444 年)薄骨律镇(今宁夏灵武县西南)将刁雍于黄河西岸开艾山渠,可灌田 4 万余顷,是北魏所开最大的灌渠。西魏大统十六年(550 年)于关中富平县筑富平堰引水东入洛水,是郑国渠东段的重修。西魏又曾于武功县修六门堰,扩大渭水灌区。北周保定二年(562 年)于同州重开龙首渠,又于黄河东岸蒲州(今属永济县)引涑水开渠灌溉。

隋唐时大兴水利,复兴黄河流域的农业经济。隋开皇二年(582 年)于今关中凤翔之北引水溉三原田数千顷;后数年,怀州(治今沁阳县)刺史卢贲重修引沁灌溉工程,开利民渠及温润渠。又在蒲州一带引瀵水灌溉。唐代黄河上中游自煌水以下至河套曾大兴屯田水利。今宁夏引黄灌区,唐代有汉渠、御史渠、光禄渠、特进渠、七级渠、薄骨律渠及千金陂等。西夏维持和扩展宁夏水利,以其为立国的基础。内蒙古河套地区,唐代开有延化、咸应、永清、陵阳等灌溉渠道。

隋唐建都长安,极重视关中水利,唐代郑白渠仍为主要灌区,前期灌田号称万顷,后期降至 6000 顷。沿渠权贵多引水建水碾、水磨，明令拆毁不下六七次，每次不下数十处。宝历元年（825 年）在高陵县建彭城堰扩大了灌区。五代、北宋经常维修，北宋末改建为丰利渠，号称可灌田 2 万余顷。唐代引渭水为源建升原渠，通运至千水，又重修六门堰；开发引洛水和黄河灌溉，其中在龙门引黄河水灌韩城田，号称 6000 顷。引渭、引洛、引黄工程，宋代已湮没无闻。唐代开发汾水及涑水流域水利，著名的工程有涑水渠、瓜谷山堰及文谷水灌区等。沁水灌溉唐代亦有发展，最多灌田至 5000 顷。

北宋神宗熙宁年间（1068～1077 年）利用黄河和汴渠等浑水放淤肥田或淤灌，也利用秦晋山区洪水淤灌，这是历史上用政府力量大规模引洪放淤的唯一一次。宋以后民间继续使用。

3. 航运工程

东汉末曹操为了向北用兵，于建安九年（204 年）在淇水入黄河口（今河南淇县东，卫贤镇东一带）用大枋木筑堰遏淇水东北流，开成白沟运河。黄河过堰经白沟运河北通海河各水道及当时所开平虏渠。泉州渠、新河等运河，形成了北达海滦河，南至黄河，经汴河至江淮、南通杭州的南北航道。曹魏又曾整修睢阳渠（汴河一段）及鸿沟南支，通颍、涡、沙等航道，常利用后一航道南征孙吴。南北朝时，北魏曾于黄河上游自今宁夏至内蒙古运输军储。刘宋西征后秦，曾由泗水入济水、入黄河至关中，汴河也常为向北用兵的运道。

隋开皇四年（584 年）开广通渠，大体沿已废西汉漕渠线路，自长安北引渭水平行南山至潼关入黄河。唐初广通渠逐渐湮废，唐代天宝元年重修，于咸阳附近渭水上筑兴成堰壅水入渠，作为水源。同时于长安城东开广运潭，作停泊港。长安城内东、西市均有运河通城外，并与广通渠相通。隋炀帝大业元年（605 年）开通济渠，唐宋时称汴河或汴渠。它以谷水、洛水为源，自洛阳西苑开渠引水重入洛水通黄河，至板渚开口入汴渠，至开封东由古汴渠改道东南至泗州（今盱眙县北）入淮水。唐代这条运河在洛阳城内也修有停泊港。大业四年（608 年）开永济渠，南端由沁河通黄河，北端通涿郡（治蓟，今北京市）。大业六年（610 年），重修江南运河，从京口（今镇江）至余杭（今杭州）。这样自今北京至杭州的运河全线开通。黄河与海河、淮河、长江、钱塘江已形成了一个统一的交通网络。唐代还自长安向西开了升原渠，于今宝鸡附近接千水通航，航运网又向西延长。黄河三门峡段是都城长安的水运咽喉，隋唐都曾大力修治，开元二十九年（741 年）于北岸凿开元新河通航，但不甚成功，此段运输主要依靠陆运绕行代替。五代时后周及北宋建都汴京，除大力恢复改进汴河，利用永济渠外，还自汴京向东北开广济渠通今山东一带，西南开惠民河，东南开蔡河通淮汉流域。

2.2.3 南宋初到 1947 年时期

南宋时，金人占据黄河流域，不重视水利，元、明、清虽渐有恢复，也远不如西汉及唐前期兴旺发达。

1. 治河防洪

南宋初，宋东京守将杜充决滑州黄河口抵御金兵入侵，造成黄河改道向东南，分由南、北清河（泗水、济水）入海。金兵占领了黄河下游，百余年间仅三四十年有局部修防，大部时间放任漫流，先由泗入淮河，又分多支南入淮水各支流，金后期 20 余年中主流复走泗水。金天兴三年（1234 年），宋兵入开封，蒙古兵决胙城北之寸金淀南流淹宋兵，至杞县分三支由颍、涡、汴、睢诸河入淮河。以入涡河一支为主流。元代治河也多为局部修防，以防护城镇为主。八九十年间黄河下游南北摆动，南入颍、涡，北冲昭阳等湖。最著名的一次治黄活动是至正十一年（1351 年）贾鲁堵白茅（在今曹县境）决口，挽河走徐州入泗水故道，此工程以堵口技术称著，但维持不到 10 年。黄河在金、元决溢频繁的状况到明代前期并未改善。明洪武二十五年（1392 年），又南入颍水入淮。自永乐年间，京杭运河重开，以江南漕粮能自运河运至北京为治水前提，对黄河的治理方针是南分北堵，以保证山东段运河畅通。正统十三年（1448 年）黄河北决，主流在山东张秋以南沙湾冲断运河向东入海。前后治理了 8 年，景泰六年（1455 年）徐有贞将决口堵复。弘治五年（1492 年）黄河又北决，主流再次冲断张秋运河，后 3 年刘大夏才堵复，并修北岸太行堤加以保护。此后黄河决口多在山东西南及河南东部，泛滥所及南至宿迁，北至鱼台境，以流经徐州附近时为多。嘉靖末年，徐州以上河分 11 支和 13 支大片漫流。

自嘉靖末期始，潘季驯治河，他先后 4 次任总理河道，以万历六年至八年（1578～1580 年）第三次任总理河道时所做工作最多。主要治理方法是以缕堤束水攻沙，以遥堤防御洪水，以减水坝保护大堤，强调堵塞决口，修守堤防，筑洪泽湖水库调蓄淮水以冲释黄河泥沙。万历二十一年（1593 年）因淮河洪水淹及泗州，潘季驯被迫离职。其后杨一魁任总理河道，主张分黄导淮并付诸实施。

明末到清康熙初年黄河泛滥决溢频繁，泛区破烂不堪。康熙十六年（1677 年），靳辅任河道总督，用幕友陈潢的计划，继承发展了潘季驯束水攻沙的治理办法，获得数十年的小康局面。乾隆以后，清政权虽极重视治理黄河，制度也很严密，但河政日益腐败，平均一二年就发生一次决口，堵口费用一般都超过 1000 万两白银，成为贪污的重灾区。在技术上除放淤固堤外也无多大进步。民国时引进了西方技术，采用了新的观测手段，对上中下游治理提出一些设想，实际效果不大。1938 年郑州花园口人为决口，泛滥达 9 年之久，造成巨大灾害。

2. 农田水利

金代不重视水利，元明清稍有发展，但以民间自发举办的小型工程较多。元初郭守敬主持修宁夏一带水利，灌田至 9 万余顷。关中郑白渠及河南引沁广济渠都曾改修。明代农田水利在宁夏有些兴修。关中郑白渠在明代改为广惠渠，但灌田日少。清代改为龙洞渠，仅灌田几万亩。民国时李仪祉开泾惠渠，恢复了古代规模，收到显著效益。广济渠明清时代都曾扩建，但民国时灌田只一二十万亩，少于前代。清代康熙、雍正时，在宁夏新开大清渠、惠农渠、昌润渠，灌田数百万亩，是较大的水利建设。道光以后在内蒙古后套一带，民间修建了八大干渠，灌田可至 16000 余顷，是河套水利的复兴。光绪年间王同春在修建河套水利中建树最多。

3. 航运工程

金代汴河废毁，黄河流域无水运之利。元代初年，自南而北的运输由淮河入颍河或涡河，上溯黄河，再陆运转卫河北上。元至元二十六年（1289 年）开山东会通河，完成京杭运河的重要一段。会通河水源除汶、泗诸水外常引黄水接济。其航道自山东济宁以南经诸湖之西，至徐州入当时的黄河，400 余里至淮阴以北清口会淮水，再南入邗沟通长江。

明永乐年间迁都北京，因会通河淤塞不通，潜运亦由淮入颍，溯黄河再陆运转卫河北上。永先九年（1411年）宋礼等人重开会通河，陈瑄整修京杭运河，订立制度，每年由南向北漕运米粮400万石。徐州至清口段仍走黄河航道，山东段经常引黄济运，后因黄河决溢常淤塞运道。嘉靖四十五年（1566年）开南阳新河，自鱼台至徐州改道湖东，避开黄河。万历三十二年（1604年）自夏镇（今微山县）至宿迁开泇运河，航运不再经徐州。清康熙二十七年（1688年）又自宿迁开中运河至清口，于是运河仅在清口处与黄河交叉，达到避黄的目的。清口为黄淮河运汇合之处，是当时治黄重点，兴修了许多工程，目的在维持漕运。由于黄河不断淤积，至清代嘉庆、道光时淮水已不能出清口，运道堵塞，用灌塘济运法（临时筑一船闸）勉强维持通航。咸丰五年（1855年）黄河大改道，由山东大清河入海。运河改在张秋南与黄河交叉，实际已被切断。此后海运的扩大和铁路的兴建代替了零星的运河功能，从此大大削弱了京杭运河作为南北交通主干道的作用。

2.2.4 花园口堵口复河后时期

1938年黄河花园口人为决口后，广大淮北地区泛滥长达9年，直至1947年3月15日方堵复，给泛区人民带来巨大灾害。堵复后，黄河下游人民在中华人民共和国成立后，国家重视黄河的治理，重点是加强防洪工程建设，保证黄河堤防不决口，同时进行了黄土高原水土保持、引黄灌溉、干流枢纽等水利工程建设。

1. 治河防洪

中华人民共和国成立初期，百废待兴，经济上、技术上尚不具备修建大型控制工程的条件，采用了"宽河固堤"的方略。宽河道能滞洪滞沙。黄河下游洪水陡涨陡落，又无大的支流汇入，宽阔的河道具有很强的削峰作用；洪水期水流漫滩落淤后回归河槽，可以"淤滩刷槽"。20世纪50年代初期废除了民埝，并发动沿河人民加修了堤防。1955年第一届全国人民代表大会第二次会议通过了《黄河综合利用规划技术经济报告》，报告中提出了"除害兴利、蓄水拦沙"的方略，即把泥沙和水拦蓄起来，利用黄河水沙资源兴利，变害河为利河。20世纪70年代初提出了"上拦下排、两岸分滞"的方略。"上拦"是在干支流上修建大型水库，拦蓄洪水，调节水沙，提高水流夹沙能力，同时搞好上中游水土保持，减少入黄河泥沙；"下排"是利用河道尽量排洪排沙入海，在河口地区填海造陆，变害为利；"两岸分滞"是对于拦、排河道不能排泄的洪水。90年代末又提出"上拦、下排、两岸分滞"控制洪水，"拦、排、放、调、挖"处理和利用河沙的基本思路。

黄河下游花园口水文站1958年7月17日发生了有实测资料以来的最大洪水，洪峰流量22300立方米/秒作为防洪标准。对于超标准洪水也安排了必要才工程措施。因为泥沙淤积，防洪工程会自行降低标准，所以每隔数年都需加高改建一次。

黄河下游已初步建成了由堤防、河道整治、分滞洪等工程和位于中游的干支流水库组成的防洪工程体系。黄河下游计有各类堤防2291公里，其中临黄大堤1371公里。分别于1950～1957年、1962～1965年、1973～1985年进行了3次大修堤，共完成土方4.2亿立方米，用劳力2.07亿工日，还采用了抽槽换土、黏土斜墙、抽水沤堤、锥探灌浆、前戗后戗、捕捉害堤动物等措施处理隐患，加固堤防。20世纪90年代后期开始进行第四次大修堤。河道整治工程323处，坝垛9069道，工程长647公里。分洪工程主要为防御凌汛威胁而设立的齐河展宽区和垦利展宽区。中游干支水库包括位于黄河干流上的三门峡水库、支流伊河上的陆浑水库、支流洛河上的故县水库，干流上的小浪底水库也于2001年建成。

半个世纪中还进行了防洪非工程措施建设。黄河有统一的防汛组织，并按照专业队伍与群众队伍相结合、军民联防的原则，组建了以黄河专业队伍为骨干，以群众防汛队伍为基础、以部队为突击力量的防汛抢险队伍。水文情报系统由流域报汛站网、信息传输及信息处理系统，实现了信息接收处理自动化。防汛通信建设至20世纪90年代已基本建成了以黄河水利委员会为中心，覆盖了黄河中下游各个治黄部门的黄河防汛专用通信网，它主要包括传输系统、交换系统及无线接入系统，并开通了卫星通信和移动通信。

通过防洪工程体系和非工程措施的建设，取得了半个多世纪伏秋大汛不决口的成就，保障了黄河两岸经济建设和人民生活的安定，扭转了黄河频繁决口成灾的险恶局面。

2. 水土保持

黄河流域黄土高原总面积64万平方公里，其中水土流失面积达45.4万平方公里。侵蚀模数大于8000吨/平方公里·年的水蚀面积为8.51万平方公里，占全国同类面积的64.1%；侵蚀模数大于15000吨/平方公里·年的水蚀面积为3.67万平方公里，占全国同类面积的89%；局部地区的侵蚀模数甚至超过30000吨/平方公里·年。黄河产沙区集，主要在河口镇至龙河多年平均年输量的近90%。水土流失把地形切割得支离破碎，千沟万壑，长度大于0.5公里的大小沟道达27万多条，恶化了环境，加剧了自然灾害的发生。

黄土高原是国家水土保持工作的重点地区。半个世纪中从典型示范到全面发展，从单项措施、分散治理到以小流域为单元、不同类型区分类指导的综合治理，从防护性治理到治理开发相结合，生态、经济、社会效益协调发展。水土保持改善了部分地区农业生产条件和生态环境，减少了入黄泥沙，至2000年水土流失治理面积累积已达到2047.6万公顷，其中包括小流域治理563.8万公顷。治理措施包括治理沟骨干工程、淤地坝、塘坝、捞池、水窖等小型蓄水保土工程以及兴修基本农田、综合治理营造林草等措施。已有治理措施平均每年增产粮食40多亿千克，解决了1000多万人的温饱问题，在一定程度上遏制了水土流失和荒漠化的发展。20世纪70年代以来，水利水保措施年均减少入黄泥沙3亿吨左右。

水土保持是一项长期而艰巨的任务。20世纪末提出的水土保持基本思路是：防治结合，强化治理；以多沙粗沙区为重点，小流域为单位；采取工程、生物和耕作综合措施，注重治沟骨干工程建设。

3. 引黄灌溉

中华人民共和国成立初期，利用黄河及其支流灌溉主要集中在宁蒙河套灌区、陕西关中地区、山西汾河流域，灌溉面积仅为80万公顷（流域内507万公顷，流域外246万公顷）。

引黄灌溉在上中下游都得到了发展。上游灌区集中分布在湟水干流河谷，甘、宁沿黄高地和宁蒙河套平原，以引提干流水灌溉为主；中游灌区主要分布在汾渭河谷盆地和伊、洛、沁河的中下游，以引提干流支流水灌溉为主；下游灌区集中分布在豫、鲁两省沿黄平原。宁蒙平原、汾渭河盆地和黄河下游沿平原三大片的灌溉面积约占总灌溉面积的70.6%。在大跃进时期，一些地区引黄灌溉因经验不足，盲目上马，设施不配套，曾造成涝碱灾害和工程设施因泥沙雨季而报废。

据 1988～1992 年用水统计，黄河供水地区年均引用黄河河川径流量 395 亿立方米（其中流域外 106 亿立方米），流域内地下水开采量为 110 亿立方米。黄河河川径流利用率已达 53%。其中农业灌溉平均每年引用黄河河川径流量 362 亿立方米，用水量 284 亿立方米，占总耗用河川径流量的 92%。20 世纪 90 年代黄河流域水资源已严重不足，黄河下游曾多次出现断流。

4. 工程建设

由于经济和技术条件的限制，黄河干流在 20 世纪 50 年代以前未曾修建过拦河枢纽工程。从建成三门峡水利枢纽开始，至 20 世纪末，建成了龙羊峡、李家峡、刘家峡、盐锅峡、大峡、青铜峡、三盛公、天桥、万家寨、三门峡、小浪底等 12 座水利枢纽和水电站。13 项工程的总库容达到 563.5 亿立方米，有效库容 355.7 亿立方米。机容量 875.6 万千瓦，年平均发电量 331.8 亿千瓦·时。这些工程不仅开发黄河的水电资源，而且在防洪、防凌、减淤、灌溉、供水等方面都发挥了综合效益，对促进国民经济发展和黄河治理起到了很好作用。

2.3 淮河水利史

古代淮河称淮水，与河水（黄河）、江水（长江）、济水（今已不存在）并称四渎，其下游经今盱眙、淮阴、淮安、涟水，到云梯关独流入海。12 世纪前，淮河尾闾通畅，水旱灾害较少，经济文化发达，但到 12 世纪后，由于黄河长期夺淮的危害，使淮河流域沦为水旱灾害频繁的地区。南宋时，黄河南徙，侵夺淮河下游河道，后固定河床于淮河支流泗水和淮阴以下的干流河道上，由于多年黄河泥沙淤积，下游河道形成悬河，使淮河失去出路。咸丰五年（1855 年），黄河北徙山东，但淮河主流已不能直接入海，而改由江都县三江营汇入长江。留下的高于两岸地面的黄河故道把原来统一的淮河分割为淮河和沂、沭、泗两个水系。淮河水利史可以分为北宋以前、南宋至咸丰五年和近代这三个时期。

2.3.1 北宋及以前时期

独流入海的淮河河道深阔，水流迅急通畅，北宋时淮河还是一条有潮河流，受海潮顶托，河潮可上溯到今洪泽湖地区。沿河有众多湖泊洼地，是洪水的自然调蓄场所，加之当时人口密度不大，洪灾记载很少。淮河处于黄河长江两大流域之间，全国统一时，是南北来往的纽带；南北分裂时，又是兵家必争之地。历史上淮河农田水利和水运都有很大发展。

1. 农田水利

淮河在早期的历史上，利用有利的地形条件修建了许多陂塘蓄水灌溉工程。其中，芍陂是春秋楚庄王时由孙叔敖主持修建的，至今已有近 2600 年的历史，它利用淮水支流淠水和东淝河之间的洼地，圈堤蓄水，堤周长历代在 100～300 里间变化，灌田超过万顷。孙叔敖还在河南固始建造了期思陂，灌区大体在今天的史河灌区一带。淮河上历史灌区还有鸿隙陂，位于今河南省淮河干流与汝河之间的正阳、息县一带，挡水堤坝长 400 余里，准确创建年代不可考，汉代曾大面积灌溉，以后废弃。鸿隙陂水源由淮河分流，下接慎水，还与上慎陂、中慎陂、下慎陂、燃陂、青陂等十数个陂塘相接，形成一个陂渠串联的灌溉网，即古代的"长藤结瓜"工程型式。三国时，淮河流域为魏吴相争的前线，曹魏搞了多次水利屯田，其中曹操于建安元年（196 年）在许昌引水屯田；夏侯淳于建安初年"断太寿水（睢水支流）作陂"种稻；郑浑引汴，睢二水作郑陂；贾逵造新陂、小弋阳陂；刘馥在淮南兴治芍陂、茹陂等。影响最大范围最广的是邓艾从正始二年（241 年）开始主持的水利屯田，屯田的官兵在淮北有 2 万人，在淮南有 3 万人，共 5 万人。在淮北从黄河引水入汴水，再开广法渠由汴水引水到颍水各陂塘，引水渠长 300 余里，可灌溉，又通航运。在淮南、凤阳、定远以西至霍邱各陂塘都曾开发利用。《水经注》淮水及其支流各篇里描述了不少人工渠道和蓄水陂塘，大多与这些屯田活动有关。

2. 水运

公元前 486 年，吴国开挖了邗沟，开通了淮河和长江间的航运。公元前 482 年，吴北征晋国，在山东鱼台和定陶之间开挖了菏水，开通了淮河支流泗水与济水间的航运，由泗水通淮河，由济水通黄河，这条运河第一次使淮河和黄河统一在一个水运网内。公元前 360 年，魏国开鸿沟，由黄河引水至圃田泽，再由圃田泽开运河至大梁（开封），向南折和淮河的支流丹水（后来的汴水）、睢水、沙水、颍水联系在一起，组成淮河和黄河间初步的水运网。在长时间内，淮河通过邗沟和鸿沟与长江流域和珠江流域（长江和珠江间秦以后有灵渠），与黄河和海河流域（黄河和海河间三国时有白沟）保持着航运联系，成为政治和军事上的至关重要的水道。隋代统一全国，修凿以洛阳为中心的南北运河，自黄河引水向北南开通济渠在泗州（今江苏盱眙淮河对岸）入淮，成为全国南北交通的干线；重修邗沟，沟通江淮，从淮安入淮河，使淮安与泗州间的淮河成为运河中的一段，淮河边的泗州成为南北运输的重要枢纽。北宋又平行淮河修沙河、洪泽新河、龟山运河以避淮河中的风险。唐宋两代，淮河支流颍、涡等河都是经常使用的航运通道。

3. 人为水灾与黄河夺淮

在淮河流域的军事争夺中，利用水利工程作为战争攻守手段的事件在历史上常有发生，三国至南北朝期间就有 10 余次。其主要方式为拦河筑堰，引水灌城或水淹敌军营地，其规模最大的一次发生在南朝梁天监十三年至十五年（514～516 年），梁陈对峙时梁在淮河浮山（江苏省泗洪县、安徽省五河县、嘉山县交界处）筑拦河大堰叫浮山堰，长 9 里。是我国历史上规模空前的大坝，因当时发生大洪水，只存在 4 个月就垮坝了，造成惨重的损失。

黄河夺淮是从 1194 年开始的，即金宗明昌五年，黄河在河南省阳武缺口，洪水大溜奔封丘，经长垣、曹县以南，商丘、砀山以北至徐州冲入泗水，从淮阴注入淮河。到了清咸丰五年，即 1855 年，黄河在今河南兰考铜瓦厢央口，掉头北去，改道由山东利津入海。黄河夺淮 660 多年中，大体经过了三个阶段：公元 1194 年至金末元初，40 多年间黄河夺淮主要沿古汴水和泗水注入淮河；自公元 1234 年至明隆庆初年，潘季驯两任总理河道，开始修筑的黄河下游南北堤防，近 340 年中，黄河南徙不定，漫流在淮河腹地的涡水、颍河、睢水，这段时间洪水为害最烈，西自开封到海滨，北自东平，南到淮河，皆为黄水侵袭泛滥之区；自明隆庆初年到公元 1855 年，280 多年中，黄河基本上沿元末贾鲁故道，夺淮、泗，东出云梯关入海。

2.3.2　北宋至清咸丰五年时期

南宋初（自 1128 年始），黄河自泗水入淮，侵夺了淮河下游河道。在明万历以前的

400多年间，虽不断修筑堤防、堵塞决口，河道一直在动荡之中，流势分合不一，淮北地区水灾一直很严重，主流常在颍水、涡水、睢水、泗水等河间不断变换，汇入淮河后入海。自明代万历初年至清代康熙年间，按照潘季驯的治河思想，大筑两岸系统堤防。把黄河固定在开封、商丘、砀山、萧县至徐州入泗水一线上，由清口（今淮阴西）入淮河，经涟水，至云梯关入海，即今废黄河道。在黄河夺淮的历史中，淮河干流和颍水以下的支流都受过侵夺，淤高了河床，打乱了原水系，使下游无出路，整个流域灾害频繁。这时京杭运河在清口和黄、淮两河相交，在清口整治中把保证运河通畅作为前提，给治理带来很大困难。潘季驯总理河道时，不断加高高家堰，使之成为绵亘数十里的洪泽湖大堤，抬高洪泽湖水位，形成历史上最大的人工水库，用来调蓄淮河来水，并以清口作为出水口，"蓄清刷黄"、"束水攻沙"，以期剧深黄河河槽，使运河不受倒灌之害，黄淮顺畅入海。但未获预期效果，淮河水仍没有出路。此后，杨一魁总理河道时在高家堰上建武家墩、高良涧、周家桥三座闸，用以分泄淮河洪水入运河；开金湾河，建金湾三减坝，使泄水由芒稻河入长江，是导淮入江的开始。清代沿用潘季驯的治理思想和办法。靳辅总理河道时，仍大筑高家堰，大挑清口，开引河五道，引洪泽湖清水冲刷黄河河床。为分泄洪水，靳辅还在高家堰上筑武家墩、高良涧，周家桥等6座减水坝，分减湖水，经白马湖、宝应湖等入运河。在运河东岸邵伯以上建归海坝，在邵伯以下建归江坝，排水入海入江。此后，著名河道管理官员例如张鹏翮、高斌等都沿用靳辅的办法，一方面整理清口，开挖引河，蓄清刷黄；一方面改建、加固高家堰各坝和运河上的归江归海各坝，分减淮河洪水。这些措施虽然也起过一些作用，但清中期以后，政治腐败，管理不善，黄河河槽越淤越高，淮水几乎不能流出清口，只靠归海五坝和归江十坝入海入江。洪水来临，江苏里下河地区一片汪洋，灾难深重。据可见到的记载统计，自1280～1855年的575年中，黄河泛滥受灾的年份就有230多年，平均两年多就有一次，受灾范围跨豫、皖、苏三省的整个淮北平原，下至里下河地区。

2.3.3 清咸丰五年至中华人民共和国成立时期

1855年，黄河在河南省铜瓦厢决口北流山东，形成新河道，淮河流域基本摆脱了黄河的干扰。但700余年来，特别明清两代，黄河携带的大量泥沙淤塞了淮河的入海干道，形成了一条新的分水岭，将沂、沭、泗水系从流域中分出，并堵塞了各水系出路。为解决淮河的出路，发展淮河水利，先后出现了各种"导淮"议论和方案，其中主要有全部入长江计划、全部入海计划和江海分流计划，先后成立了一些导淮机构。1931年经当时政府批准，制定了一个全国导淮计划，但实施工程不多，只建设了数座船闸和开挖了部分河道。1937年抗日战争爆发后即中止。

1938年日本帝国主义军队占领了徐州，国民党政府军在6月2日和6日，先后在赵口和花园口决开黄河南堤，试图阻止日军前进，造成了作为黄泛区的淮河流域人民的深重灾难。花园口决口至11月20日，口门冲宽组400余米，黄河原道断流。全部黄河水向东南泛滥于贾鲁、颍河和涡河之间的地带，漫注于正阳关至淮远一段淮河。入淮之后，横溢两岸低地，泻入洪泽、宝应、高邮诸湖，经运河由长江入海，历时9年。到1947年3月15日堵口完工，黄河仍归入原道。这次决口泛滥地域辽阔，自西北至东南，长度约达400公里，宽度30～80公里，对淮河流域产生巨大影响。历年泛流冲刷的结果，在黄水入原河槽地段普遍剧深蚀宽，在泛流所经地面出现许多深槽，产生了新贾鲁河、新涡河上游、新蔡河和淮阳与周口之间的新水系。由于不同的原因，也产生了淤积，主要有：黄泛大溜横过河身，泥沙淤积了一部分河流；由于黄水泄入原河道，在交汇处两股水流的顶冲，泥沙因流速减低而落淤；由于黄水的倒灌，泥沙淤积在支流河口，以致上、中游的水流排泄不畅。花园口决口泛滥 9 年，淮河流域出现了许多新问题，增加了治理的困难。

在这一时期，淮河流域局部地区也进行了部分防洪工程、农田水利以及运河工程的建设，特别是在抗日战争和解放战争时期的八路军和新四军的根据地内，修筑洪泽湖大堤和淮北大堤、整治苏北运河，举办苏北除涝灌溉工程等。

2.3.4 中华人民共和国成立后

1949 年 10 月，中华人民共和国成立，淮河进入了全面治理开发的新阶段。

1. 决策规划

中华人民共和国成立 50 多年来，国务院召开过 11 次治淮会议，其中两次作出重大决策。1950 年淮河大水后，政务院及时召开了第一次治淮会议，并颁布了《关于治理淮河的决定》，制定了"蓄泄兼筹"的治理方针；确定成立隶属于中央人民政府的治淮机构——治淮委员会。1957 年毛泽东主席发出"一定要把淮河修好"的号召，掀起 1949 年以来第一次大规模治理淮河的高潮。1991 年淮河、太湖大水后，针对严重洪涝灾害暴露出来的问题，国务院及时召开了治淮、治太会议，作出了《关于进一步治理淮河和太湖的决定》，提出治淮要坚持"蓄泄兼筹"治理方针，近期以泄为主，基本完成以防洪、除涝为主的重点骨干工程，再次掀起治淮高潮。除以上两次治淮会议外，国务院还先后于 1957 年、1969 年、1970 年、1981 年、1985 年、1992 年、1994 年、1997 年、2003 年召开过 9 次治淮会议。为科学指导治淮，水利部曾多次组织编制流域规划，并于 1982 年重建水利部治淮委员会。1951 年编制的《关于治淮方略的初步报告》是中华人民共和国成立后的第一个治淮规划；1956 年编制的《淮河流域规划报告（初稿）》，1957 年编制的《沂沭泗流域规划报告（初稿）》，都是以防治水旱灾害为主，兼顾航运、水产、水电和水土保持等内容的综合规划；在 1971 年的淮河规划中，提出要修建一批"蓄山水"、"给水路"、"引外水"的战略性骨干工程；1991 年的《淮河流域综合规划纲要》是第二次大规模治淮的主要依据。

2. 防洪除涝

经过 50 年的治理，淮河流域初步形成了比较完整的防洪除涝体系。共修建大中小型水库 5700 多座，总库容达 270 亿立方米。采取退建束水堤段、清除阻水障碍、开挖新河等措施，增强了淮河干流中游排洪能力。使淮河干流上游排洪能力由 1949 年前的 2000 立方米/秒扩大到 7000 立方米/秒，防洪标准接近 50 年一遇。利用湖泊洼地建成南润段、邱家湖等洪区 18 个和蒙洼、城西湖、城东湖等 13 处蓄（滞）洪区，总库容达 334 亿立方米，可滞蓄洪水 280 亿立方米，并且制定了《蓄滞洪区运用补偿暂行办法》。加高加固洪泽湖大堤，兴建加固三河闸水利枢纽工程，全面整治入江水道，开挖苏北灌溉总渠和淮沭新河等一系列工程，使淮河下游的排洪能力由 1949 年的 8000 立方米/秒提高到 13000～16000 立方米/秒。1998 年底，淮河入海水道工程开工，工程完成后，可使洪泽湖防洪标准提高到 100 年一遇，结束淮河长达 800 年没有单独入海通道的历史。20 世纪 50 年代先后实施了"导沭整沂"和"导沂整沭"工程，开挖了新沭河、新沂河两条排洪河道，并对排洪河道进行治理，结束了沂沭泗河水系紊乱洪水遍地漫流的历史。从20世纪70年代起，对沂沭泗防洪规划进行了补充调整，实施了沂沭泗河水东调南下工程。沂沭泗水系大部分河段的防洪标准提高到20年一遇。平原地区防洪除涝，重点对黑茨河、包浍河、奎濉河、汾泉河、洪汝河、涡河、沙颍河等跨省支流河道和湖洼易涝地区逐步进行治理，大部分河段的防洪10年一遇标准、除涝3～5年一遇标准。50年来兴修、加固各类堤防有5万公里，其中主要堤防1万公里，重要堤防例如淮北大堤、洪泽湖大堤、里运河大堤、南四湖湖西大堤、新沂河大堤等1725公里，保护区内有4800万人、400万平方公里耕地。50年来，在流域内建成各类水闸5000多座，提高了河道防洪控制能力，为水资源的有效利用创造了条件。从20世纪80年代初开始实施淮河流域防汛自动化系统建设，已建成以微波通信、移动通信和卫星通信为支撑的流域骨干防汛通信系统，保证了流域防汛信息传输的需要。

3. 水资源开发

坚持除害兴利并重，开源节流并举，综合治理、开发的原则。初步建成了水库塘坝、河湖和机电井三大灌溉体系，有效灌溉面积由20世纪50年代初的约80万公顷增加到20世纪末的867万公顷。50年代，已建成的各类供水工程实际年供水能力约600亿立方米。已建成中小型水电站577座，装机37万千瓦，年平均发电量约7亿千瓦·时。从60年代初就开始江水北调的建设，目前的引江水能力已达到1100立方米/秒，其中江苏江都水利枢纽，设计抽水能力为500立方米/秒，可将水向北送入南四湖，还可抽排里下河地区的涝水。通榆河中段工程、泰州引江河一期工程。豫东鲁西南地区兴建的引黄工程等都取得了很好的效益。

4. 水资源保护

随着流域经济和城市化的快速发展，自20世纪80年代以来，流域水体污染日趋加重，大型水污染事故时有发生，特别是使沿淮城镇的居民用水困难。1995年国务院颁布了《淮河流域水污染防治暂行条例》，1996年国务院又批复了《淮河流域水污染防治规划及"九五"计划》；为控制污染企业的无序生产，国务院提出"关、停、禁、改、转"五字方针。经过各方的努力，初步遏制了流域水污染日趋严重的势头，许多河段的水体水质在逐渐转好。

5. 航运

中华人民共和国成立初期，先后对淮河中游正阳关至洪泽湖的航道浅滩进行了多次疏浚，改善通航条件，三河闸和蚌埠闸建成后提高了航深。对涡河、颍河等主要支流的航道也进行了整治疏浚。茨淮新河、新汴河等河道的开挖，增加了新的航线。船闸的建设，逐步实现了渠化通航。同时对京杭运河进行了大规模的整治和扩建。经过50年的建设，流域内有各级航道1400余条，总长2万多公里，年货运量比50年前增加了8倍多。

6. 水土保持

中华人民共和国成立后，流域内即开展水土保持工作，取得初步成效。20世纪80年代，完成了《淮河流域水土保持规划报告》和一些区域的水土保持规划，进行小流域试点和推广等工作。1992年，实施水土保持重点县工程，收到明显的生态、经济和社会效益，治理水土流失面积和治理程度、林草覆盖率都有大幅度提高，土壤侵蚀量下降，域内人民得到实惠。多年来累计治理水土流失面积 3.5 万平方公里，年减少泥沙流失量约 1 亿吨。

7. 流域管理

1950 年，治淮委员会成立，统一负责流域治理开发与管理，1958 年撤销，1977 年恢复。1990 年更名为淮河水利委员会，作为水利部的派出机构在流域内实施水管理。

2.4 海 河 水 利 史

2.4.1 金建都中都以前时期

战国魏文侯时（公元前 446～前 397 年），海河流域出现引用多沙河流淤灌田地的典型——西门豹创建的引漳十二渠。战国时期，督亢地区（今涿州、高碑店、固安一带），引拒马河水灌溉田地，成为当时燕国的富庶之地。海河流域在远古时代就有过大量的治水活动。关于"禹播九河"的记载，源于《尚书·禹贡》传说中的大禹治水，曾涉及卫、子牙、大清等水系中的某些河流。1153 年，金建都于北京，之后元明清相继建都北京，海河流域成为政治中心，海河水利得到长足的发展。西汉时，当地官员认为十二渠、桥影响驰道干线，提出要合并渠系及桥座，受到民间的抑制。在子牙水系，西汉时有位于今石津港区的太白渠，包括乌子堰等工程。东汉时，曾维修西门豹所引漳水支渠，并在漳卫水系的上党（在今山西长治地区）、汲县等地有过几次修治引灌；在潮白水系（今顺义一带）开种稻田 8000 余顷；在子牙水系开凿蒲吾渠，筹划通清津伦河到山西，以及利用湿水（今永定河）通港等记载。

东汉建安九至十八年（204～213 年）间，曹操为了统一北方，进军运粮充分依靠水运，在海河水系开凿沟通一系列联络天然水道的人工运渠，达到前所未有的规模。从拦截淇水入白沟以通粮道开始，陆续修建了平房渠、泉州渠、新河、利港渠等运渠，从而首次实现黄河、海河、滦河三大流域水系的航运。曹操还在原西门豹所修引漳十二渠的基础上兴建了天井堰，并引漳水供给邺城（今临漳县邺镇）的用水。三国魏嘉平二年（250 年），刘靖在今北京市西郊兴建了引湿水灌溉的戾陵堰工程，形成永定河灌溉史上空前规模的大灌区，灌溉农田一万公顷。西晋元康五年（295 年）以及北魏、北齐和唐代有重修的记载。南北朝时，北魏、北齐相继修整过古督亢陂，曾经获得溉田百万余亩，为利十倍的效益。

北魏熙平二年（517 年）前后，海河流域连年大雨，洪水泛滥，遍及今漳卫、子牙、大清、永定、潮白及蓟运等水系。当时洪涝重灾区是冀州（位于今河北省衡水地区，沧州地区南部）、定州（位于今河北省石家庄地区，邢台地区北部，保定地区南部）、瀛州（位于今河北省沧州、保定两地区北部，天津市南部）、幽州（今北京市，河北省廊坊地区，唐山地区西部，天津市北部）。针对洪涝灾情，崔楷提出一整套抗洪、排涝、除碱、营田等治理规划，着重指出要多置水口，从流入海。这是海河治理史上在明清以前仅见的全面整治规划方案，具有首创意义。这种多途入海，分道行洪排涝的规划思想，经过长时间的检验，一直成为海河治理的基本措施之一（例如明清时期南北运河上广开减河，分洪入海。以及在 1963 年后，陆续新建或扩建的漳卫、子牙、澄阳、永定、潮白等新河）。崔楷的治理方案，当时虽经批准实施，但兴工不久即停止，无从考究其具体效果。

隋代开永济渠，是以洛阳为中心，南到余杭，北到涿郡的大运河的北段，使水运可从黄河航行至今北京城南。唐代持续通航，五代时有开幽州府东河路通商船的记载。唐代为了避免海运风险，曾重修平虏渠、泉州渠等局部河段，联通鲍丘河下游（相当今蓟运河），运粮到渔阳（今蓟县）。渔阳以北曾开沟引水，以水代兵，用于军事防御。唐代灌溉工程，漳卫水系有金凤渠、菊花渠、利物渠等，子牙水系有太白渠、大唐渠、礼教渠、广润渠等，潮白水系有孤山陂、渠河塘等。

北宋早期，宋、辽对峙，分界线西起今河北省徐水，中经雄县、霸州等地，东抵天津海口。分界线南侧，宋方蓄水御敌，兴建了东西长600余里（直线距约400余里）、南北宽50～100里的大型塘泊工程。据《宋史·河渠志》等文献记载，当时塘泊共九区，其中东起沧州泥沽海口（今天津小直沽口），西至保州（今河北省保定），有七区，各塘深约五尺至一丈余不等。另自安肃军（今徐水）、广信军（今徐水遂城镇）之西至保州西北沈苑泊；自保州西鸡距泉（鸡距泉在今保定西15公里），开成稻田、方田，水深3～5尺，称为西塘泊。这些塘泊是在特定历史条件下出现的蓄水工程，现在的白洋淀、东淀以及天津以南各洼地，大都是北宋塘泊的遗迹。北宋熙宁时（1069～1078年），王安石变法，大兴农田水利，特别是利用多沙河流淤灌治碱，形成空前高潮。在海河流域曾引用漳河、滏河、葫芦河以及沈苑河（今府河）等进行淤灌。这些水系有的还结合进行疏导排水工程。

2.4.2 金建都中都后至民国时期

金贞元元年（1153年），在今北京建都，定名中都。据《金史·河渠志》记载，当时中都所需粮食等物资供应，主要依靠位于今漳卫及子牙等水系的3个府、12个州及其所属34个县的水运，统称漕河。并在濒临漕河的临清、历亭（今武城）、将陵（今德州）、东光、兴济、会川（今青县）、献州（今献县）、武强等县城，设置粮仓，收存邻近地区所交粮税，汇总分批装船编队，溯流天津河（今北运河）北抵通州。再由通州水运（或陆运）抵达都城。泰和六年（1206年），为加强港运管理，曾明令规定凡清河所经之地，所有3个府、12个州、34个县的主要官员，兼管漕河。具体职责是，催督检察船队运输，营建、养护河道堤岸工程。这种由沿清河所经的三级地方官负责兼漕运和工程的制度，在海河水利史上尚属罕见。金代中都至通州间的运输，原先在通州城北的潞水（今潮白河）西侧，有条水道（相当今坝河，金代人曾称之为运河或游渠）可通中都城北，但水源缺乏，不能维持航运。为接济该河治运，增辟水源，大定十二年（1172年），曾试开过引卢沟水（今永定河）的金口河，因水沙不能控制，未成功。泰和五年（1205年），中都至通州间新凿漕渠（今通惠河前身），约长50里。当时河道所经，曾征用原屯田产所在田地及民间田亩物产。水源来自高梁河及白莲潭（相当后代的积水潭），但流量很小，因此从西向东采用分段拦河设闸的办法调节水量，最末一闸位于通州城西。这是海河水利史上建闸渠化通航的首次尝试，后代元明清的通惠河利用船闸通航，便是在此基础上的继承、发展。金代为了都城安全，极为注重卢沟河防洪，筑堤、堵口工程屡有兴建。对滹沱河、漳河等水系也常修建防洪工程。灌溉方面，白莲潭、高梁河都曾有过放水、引灌的记载，大清河水系的安肃（今徐水）、定兴等地也曾引河水溉田。

元灭金后，建大都，继续加强对永定河的防洪水运工程建设。水运方面因金代闸河淤废，通州至都城常需陆运。元代科学家郭守敬为了大都的城市供水和恢复京通水运，开发了较充裕的水源白浮泉水，利用金代闸河遗迹重新兴建通惠河，建闸渠化，在河上设闸24 座，以节制水量，于至元三十年（1293 年）终于实现京杭运河全线联结通航，经历元明清三代，漕运通行 600 多年。郭守敬还在漳河、德伦等水系兴办过许多水利工程。在海河各水系，元代还先后修建过一些防洪灌排设施。

明清以北京为首都，海河水利逐渐形成固定不变、必须奉行的两大方针任务：一是要保证漕运畅通，京城粮食充裕；二是要确保首都防洪安全。此外则相对被认为是次要的。明清对永定河的修防，较之前代更为重视，具体措施有筑石堤、修减水坝、改下口以及岁修、防汛抢险等。从康熙三十七年至乾隆三十七年（1698～1772 年）间，下口改河就达 6次，间隔最长的 27 年，短的仅 3 年。又如从乾隆三年至光绪二十年（1738～1894 年）间，上起北京卢沟桥下达永清县冰窖村，河道两岸就曾修建减水坝 18 座，运用时间有长有短。至于筑堤、堵口等工程，更是史不绝书。又如京杭运河在海河流域境内的南、北运河段，从明弘治元年至清光绪六年（488～1880 年）间，南起四女寺北到王家务，先后兴建、维修了减水闸坝 7 座，分别承担汛期泄洪任务。至于疏浚、修筑等工程则更为频繁。由于上述保漕运、保京城安全两大基本方针，从而使海河流域全局性除害兴利的规划治理，增加了复杂性、艰巨性。明清以来治理方案和施工实践的正反两面经验很多。在农田水利方面，从元代虞集，明代徐贞明、董应举、徐光启，清代陈仪、林则徐等人，特别是明代徐贞明，都积极提倡畿辅水利，包括雍正年间大规模的水利营田，虽有一定成效，终难持久，除社会因素外，一个最重要的障碍是水源得不到及时保证。

2.4.3　中华人民共和国成立前后时期

随着一些留学西方的学者陆续回国，引进了西方的科学技术，引起了中国水利事业一系列新变化：建立流域性治水机构；开展水文测验和地形测绘；提出流域治理规划，进行水工试验等。在此基础上，海河流域修建了一些工程，例如天津围堰，永定河放淤等。

1949～1957 年是 3 年恢复和第一个五年计划时期，海河流域丰水多灾，以北系各河中下游为重。1950 年春首先开挖了潮白新河，当年即发挥效益。1951 年，疏通和新挖了青龙湾减河，可将大部分洪水导入大黄堡洼；加固和扩建了筐儿港减河，由入塌河淀改入大黄堡洼，减轻了海河干流的压力。大清河系于 1951 年挖了新盖房分洪道，使北支洪水绕过雄县卡口直达东淀。1951 年和 1956 年两次分洪，效果显著。又于 1953 年开挖了独流减河，解除了大清、子牙二河抢道入海的不利局面。下游则修筑北大港围堤用以滞蓄。1954 年和 1956 年两次运用减河宣泄超标准洪水。赵王新渠的建成，沟通了白洋淀和东淀。永定河最重要的防洪措施之一是修建官厅水库。早在清乾隆九年（1744 年）河道总督高斌就曾在此用乱石堆坝，以杀水势，3 年后被大水冲毁。1925 年，顺直水利委员会提出修建官厅水库的建议，1933 年华北水利委员会编制《永定河治本计划》，也拟定修建该库，但均未实行。1951～1954 年兴建的官厅水库，是海河流域的第一座大型水库。随后建成了永定河引水工程。是 20 世纪 50 年代首都北京的重要水源。同时整修了永定河地方和泛洪堤防，初步治理了大清河、永定河、潮白河和漳卫河，使入海洪能力达到 4620 立方米/秒，比 1949 年增加了 1 倍。1949 年陡河大水，唐山市区被淹，工厂停工月余，损失很重，京山铁路中断，淹地 10 万亩。根据治理开发陡河的要求，陡河水库 1956 年建成，1976年唐山大地震后又进行了加固，对唐山市防洪、供水发挥了重要作用。

这一时期，对平原实施除涝排沥。黑龙港和运东区，清南清北区，徒骇马颊区，永定河平原区均得到较大改善。改建和新建了各地灌区，包括拒马河流域的房涞涿灌区，在1954～1957年改造和扩建后，实灌面积达2万公顷。早在金泰和六年（1206年）在唐河上开发的广利渠，受益面积仅千亩左右，经改建，至1957年灌溉面积达9300公顷。抗日战争期间，晋察冀边区在沙河修建的荣臻渠沿用到1949年，浇地1400余公顷；经扩建、配套，至1957年灌溉面积已扩大到5400余公顷，更名为抗战渠；王快水库建成后，纳入沙河灌溉系统。1956年，在唐山沿海建成柏格庄农场引汋河水灌溉沿海荒滩，成为著名的粮食产区，到1957年灌溉面积达2.2万公顷。1952年开建人民胜利渠引黄河水济卫河，发展灌溉，1954年灌溉面积达4.8万公顷。

1949年前后，漳卫南运河、子牙河等中下游有航运效益，小船可达天津，航运工人数以万计。由于流域城乡供水增加，20世纪五六十年代逐渐断航。

1958～1963年海河流域第一次水利建设高潮，当时的建设方针是"以蓄为主，小型为主，群众自办为主"，以当时制定的《海河流域规划（草案）》为实施依据。在此期间，共有23座大型水库，47座中型水库和一大批小型水库开工，包括平原地区的一些蓄水工程。到1963年，已有密云、岳城等21座大型水库建成或基本建成，总库容137亿立方米。在1959年和1963年两个大水年里，水库发挥了拦洪削峰作用。随着水库的兴建，开辟或扩建了漳南、民有、石津、沙河、唐河、易水、潮白河等灌区，与上游的水库配合使用。无坝引水灌溉有新的发展，主要有滹阳河、房涞涿和汋河下游等灌区。还组织实施了一批引黄灌溉工程，虽存在引发土地次生盐碱化等问题，但为后来的引黄积累了经验。20世纪60年代初，兴建了南排河除涝工程，开辟了黑龙港地区的独流入海通道，减轻了泄洪的干扰，提高了排涝标准。在此期间，北京市初步建成京密引水工程，改善了首都的供水条件。1956年以后又进行了扩建。

1964～1978年是黄河流域第二次建设高潮。1963年海河南系发生了大洪水，人民群众在抗洪斗争中，保卫了天津市和天浦铁路。在毛主席"一定要根治海河"的指示下，总结以往水利建设的经验和教训，突出了"上蓄、中疏、下排，适当地滞"的治水方针，并编制了《海河流域防洪规划》。在此期间，海河南系新建了滹阳新河、子牙新河、漳卫新河；扩大了白洋淀分洪道和独流减河，可使漳卫、子牙、大清、三河分别独流入海，达到防御1963年型洪水，约为50年一遇的防洪标准。在此期间，除涝也形成较完整体系。黑龙港河系除了扩建南排河。整治了清凉江等较大河道；对徒骇、马颊河系按1964高标准、震灾恢复和质量处理工程。通过以上工作，流域总泄流能力达到24680立方米/秒，相当于治理5倍。20世纪70年代中期开始开发汋河。山东省、河南省大力发展引黄灌溉，在海河流域建成各类灌区34处，控制面积超过66.7万公顷。

1979年以后，流域水利建设和管理建设进入新的历史时期。这一期间的水利方针是"加强经营管理，讲究经济效益"，将"水利是农业的命脉"发展为"水利为国民经济全面服务"。为此，1986年编制《海河流域综合规划》，1993年经国务院批准，海河流域水利发展有了新的依据。20世纪80～90年代，先后完成了官厅、岳场等一批大型水库除险加固和南水北调东线穿黄倒虹吸试验隧道工程；改造开放以后流域内城市用水大幅度上升，兴建了引沂入津、引沂入唐、引清济秦和引黄卫冀等一批跨流域调水工程。1980～1998 年，全流域各类工程供水量达 300 亿～400 亿立方米，保证了城市经济的发展，在这期间，大力加强了法制建设，认真贯测《中华人民共和国水法》、《中华人民共和国防洪法》等一系列法规政策，使防洪、水资源开发利用、防污、经营管理等都走上了依法治水的轨道。

中华人民共和国成立的 50 年来，全流域已建成防洪、供水为主的综合利用的大中小水库 1900 多座，总库容约 294 亿立方米，在各河系中下游开挖疏浚行排涝河道 50 多条，修筑堤防 4000 多公里。海河流域已初步建立了由水库、堤防、蓄滞洪区组成的防洪体系，形成了分流入海的格局，不仅改变了历史上各河集中在天津入海的被动局面，还为排涝治碱解决了出路，除涝标准已达 30 年一遇。多项跨流域引水工程的建成，解决或缓解了北京、天津、唐山、秦皇岛等城市的供水问题。到 2000 年，汋河已向天津供水 146 亿立方米；实施了 6 次引黄济津，从黄河紧急调水 38 亿立方米。50 年来，海河流域灌溉面积已发展到 773 万平方公里，水电站装机近 105 万千瓦，潘家口水电站，十三陵抽水蓄能电站和桃林口水利枢纽等工程相继建成。

2.5 珠 江 水 利 史

珠江流域水利发展晚于黄河流域和长江流域，大致可分为五个阶段。

2.5.1 汉唐时期

珠江水利有零星记载。公元前 219 年兴建的灵渠是最早见于记载的珠江水利工程。早期的水运工程还有东汉熹平三年（174 年）完成的北江支流武水的航道整治工程。唐代长寿元年（692 年）在今广西临桂县修建的相思埭，是沟通漓江和柳江的人工运河。咸通五年（864 年）又曾疏浚今广西博白县境内南流江上的北成滩。汉唐间农田水利工程以陂塘居多，较大的有连州的龙腹孤、增城的石陂、桂林的灵陂等。

2.5.2 宋元时期

从北宋开始，水利事业有了迅速发展。流域北部在今连县、韶关、南雄，南部在今广州、肇庆、中山，西部在今南宁、桂林，东部在今惠阳、龙川等地均有灌溉工程（多为陂塘）兴修的记载。据近人统计，在珠江三角洲，宋代已有堤围 28 处，总计堤长 66000 余丈，围内农田面积 24000 余顷，主要分布于三角洲西北边缘。著名的有桑园围、长利围、赤顶围、香鹅围、金西围等。其中位于今佛山市的桑园围有农田 18000 余顷。大型防洪堤这时也开始修建。位于今东莞县东的福隆堤始建于北宋元祐二年（1087 年），全长 12000 余丈，保护东莞 93 乡居民和 21000 余顷耕地。12 条咸潮堤也于同时修建，共长 4100 余丈，以抵御海潮内侵。此外，在三角洲顶部还有其他一些较小的防洪堤。这一时期城市供水工程以广州修建最多，有甘溪、四井等。还有称作六脉渠的下水道系统。宋代还多次修建广州港。大中祥符四年（1011 年）广州知府邵煜修建广州城内濠作避风港。庆历三年（1043 年）魏瓘在广州通海水道上修建船闸两座。绍定三年（1230 年）又将这两座船闸改建为各宽一丈多的双门复闸。宋代在广东一带普遍使用灌溉提水机械，较多的是用流水转动的筒车、水碓、水碾等水力机械。

2.5.3　明清时期

　　珠江流域水利有了更大发展，灌溉工程普遍兴建。据《大清一统志》记载，肇庆府共有陂塘27座，其中灌溉面积在100顷以上者共有6座，在100顷以下者有5座，未记具体灌溉面积的有16座。桂林府塘堰也有17座之多，其中南北二堰灌溉面积达2000余顷。云南南盘江流域自明代以来，兴建的著名灌溉工程有宜良县的文公渠，是引用阳宗海的渠系工程，旧有规模不大。洪武二十九年（1396年）扩建后改称汤池渠。嘉靖年间文衡再次扩建，称文公渠，下有支渠水口72个，至今灌田6万余亩。贵州西南北盘江流域灌溉在清代也有较大进步。珠江三角洲的堤围，据近人统计，明清两代共修建370余处，堤线共长45万余丈。其中明代围垦仍主要集中于西江及其支流，后又向北江扩展。位于高要县东，建于洪武元年（1368年）的水矶堤，长35000余丈，保护农田700余顷。到了清代，三角洲范围迅速扩展，围垦也向东江及滨海区发展。清代中叶以后，新会、中山等县滩地开发迅速。并且采用了促进海滩落淤的工程和生物措施，堤围建设更加发展。明清以来珠江三角洲出现了桑基鱼塘的生产形式，即围堤上种桑，堤围之中挖塘养鱼。桑叶育蚕、蚕粪、蚕蛹养鱼，鱼粪转而肥沃桑树，从而构成了桑—蚕—鱼—桑的良性生态循环。清代末年，桑基鱼塘已达100多万亩。明清时期珠江上游森林破坏和水土流失加剧，下游河道淤积因而增加。加上堤围盲目兴建，使河道排洪能力降低，洪水位提高，堤防高度也陆续增加。据统计，明代至清乾隆年间的400多年中，水灾发生210多次，平均约两年发生1次。从清嘉庆至1949年的165年中，发生水灾137次，平均1.2年发生1次。这一时期的人工运河，以明代洪武二十七年（1394年）开凿的联系南流江和北流江之间的运河较著名。运河长20里，打通了珠江直接通往北部湾的航线。

2.5.4　近代新技术引进期

　　民国以来，珠江流域出现应用现代水利技术修建的农田水利工程。上游南盘江、北盘江以及广西地区，在抗日战争期间灌溉工程修建较多，比较著名的有始建于1937年的云南宜良县的龙公渠和弥勒县的甸惠渠，龙公渠灌溉面积3万亩；始建于1942年的广东乐昌县西坑水灌区，灌溉面积1.4万亩，这些都是有坝取水渠系工程。由于珠江三角洲洪水灾害加剧，1914年成立广东治河处（后多次改名），这是本区第一个水利专管机构。当时曾引进新技术，开展了一些水文测验、河道测量以及整体水利规划等基础工作，对不合理的堤围也进行了一些整顿。1915年珠江下游出现大水灾，淹没农田450万亩，灾民365万人，珠江三角洲防洪问题进一步得到重视。清末以来关于珠江下游防洪的意见有：上游水土保持，下游开分洪道，疏浚河道和裁弯取直，修建拦河水库和水闸，整治堤围等，实际除整理和加固堤围外，只是结合航运疏浚了一些河道，修建了几座防洪水闸。著名的有东江的马嘶闸，北江的芦苞闸，西江的宋隆闸，其中以1920～1924年修建的三水县芦苞闸规模最大，该闸6孔，每孔宽10米，使用钢闸门和机械启闭装置。经芦苞闸的调节，减轻了下游的防洪压力，消除了200平方公里面积的积涝。但总的看来，这些措施的防洪效益尚不显著。1947年大水，淹没农田800万亩，灾民420余万人。民国年间珠江航道整治工程集中于西江和珠江下游，取得一些进展。始建于1937年的云南开远水力发电站是珠江流域最早的一座水电站，装机两台，每台1845马力（1355千瓦）。

2.5.5 中华人民共和国成立（1949 年）后

珠江流域的水利发展大致经历了以下几个时期。

1949 年年底至 1957 年，为珠江水利恢复、调整和打基础时期。中华人民共和国成立初，国家接管珠江水利工程总局，开展流域水利工作，流域内各省在接收和整顿旧日的水利机构与队伍的同时，普遍建立防洪指挥机构，拟定防汛抢险和堤围修建、管理办法、修整各江被毁堤围和农田灌溉工程，疏浚一些主要航道。从 1953 年起，珠江水利建设重点转向提高防洪能力和解决灌溉排涝，联围建闸，发展机电排灌，先后修建了保卫广州的北江大堤和珠江三角洲的樵北大围、中顺大围，建成了西江的三绿水库、石榴沙灌区，南盘江的麦子河水库，修建了流域第一座中型水电站——流溪河水电站。在此期间国家先后在流域内设立珠江水利委员会（下设珠江流域规划办公室）、水利部广州勘探设计院及电力工业部广州水力发电勘测设计院，同时设立地方基层水利机构，组织水利人员培训，建立起水利队伍。

1958～1965 年"大跃进"与调整时期，珠江水利有较大发展，在西江、北江、东江河三角洲各水系干支流上，兴建了流溪河、新丰河、镇海、大沙河、显岗、南水、西津、大王滩、凤亭河、青狮潭、武思江、屯六、那板、六陈、达开、东风、独木，六郎洞等大中型骨干水利水电工程和数以万计的小型蓄水引水工程。这一时期新建的大中型水利工程，是在前期河流水利规划的基础上进行的，大多数工程布局合理，对流域的经济建设发挥了很大的作用，但也存在违背建设程序、工程质量较差的情况。同时，1958 年将水利部和电力工业部所属两家设计院与广东省水利厅合并成立广东省水利电力厅，撤销珠江水利委员会。1962 年，停建、缓建了一批工程，集中力量对前段时间兴建的工程进行设计复查、续建配套，基本上克服了工程遗留下来的缺陷。此外，在珠江三角洲、北江、南盘江建成了一批机电排灌工程和向香港供水的东深供水工程。

1966～1978 年的前期，由于社会环境的影响，珠江流域水利建设和管理已度陷入困境，出现了较多的工程事故；中后期，加强管理措施，工程质量得到提高、防汛和水库安全得到加强。这一时期续建或新建澄碧河、青狮潭、龟石、拉浪、洛东、麻石、合面狮、潭岭、南水、泉水、长湖、枫树坝等一批大中型水库和水电站，建成连江渠化梯级、东江引水等工程。

1979 年以后，是珠江水利进入全面规划、综合治理利用和加强法治与管理时期。1979 年重新设立珠江水利委员会，继国家颁布《中华人民共和国水法》、《中华人民共和国防洪法》之后，水利部明确了流域机构在珠江河道范围内建设项目的审查职责，授权其实施河道内取水许可管理，并颁布了《珠江河口管理办法》等一系列法规政策，加强了法治和管理，推行可持续发展战略，水利作为社会、经济的基础设施的地位在珠江得到逐步确立。编制完成了《珠江流域综合利用规划报告》、《珠江片水中长期供求计划》、《珠江水系水资源保护规划报告》及珠江河口治导线规划等流域性的重要规划成果，开展了重点工程的勘测设计前期工作。这一时期珠江频发洪水，进入 20 世纪 90 年代更为突出，尤以"94.6"、"98.6"大洪水为甚。流域防洪建设得到重视和加强，编制了《珠江防洪规划》，建成以防洪为主的北江飞来峡水利枢纽，广州、南宁、梧州、柳州等重点防洪城市和江河堤防的防洪能力有较大提高。河口治理取得新的进展，重视防洪非工程措施建设，但河口的规划和治理滞后，河口无序围垦和涉水工程建设占用行洪河道现象仍待解决。在此期间，建成天生桥一级、天生桥二级、广州抽水蓄能、岩滩、鲁布革、大化、二滩、大寨等一批大中型水电站。几十年来，对珠江水系的主要干支流及珠江三角洲航道进行治理，分别采取疏浚、炸礁、筑坝治导、裁弯取直、护岸和渠化建船闸等措施，使航运事业不断发展。正在建设的广州—南明一级航道，珠江口黄埔新沙港及深圳、珠海等航运工程顺利进行。城镇供水发展较快，完成东深供水三期工程，正在建设东深供水四期和深圳东部供水工程，建成珠海队澳门供水工程，以及一大批城镇供水工程，完成了大量的农村田头水柜工程，解决了相当数量人畜饮水问题。注意流域水资源保护规划，进行水功能分区，采取多种措施治理水污染，保护水资源，建设水源林保护、污水处理厂、水环境监测系统等，水污染治理工作有一定进展，但珠江水污染问题仍然十分严重。水利勘测、设计、科研水平有所提高。

2.6 松花江水利史

松花江古名粟末水、宋瓦江、宋嘎里屋喇。历史上流域内地广人稀，居民以游牧渔猎为生的少数民族居多，农事活动较少。

2.6.1 清代及其以前时期

清代以前，水利记载少且零散。《新唐书·渤海传》即有唐代渤海国（695～719 年）中京一带曾灌溉培育出的"卢城之稻"誉满海内，但以后记载中断无考。辽太康年间（1075～1084 年）曾在混同江（松花江）、长春河（洮儿河）以及绰尔河等处筑堤，但堤段很短，今已无存。明永乐年间（1403～1424 年），朝廷命官吏在现在的吉林市造船，并遣太监率兵船先后 5 次航行于松花江下游地区，进行戍边巡逻，这说明了当时水运畅通。

1. 筑堤防洪

清康熙二十五年（1686 年）为抵御帝俄侵略，满汉官员驻防齐齐哈尔、黑龙江（今黑河市）、莫尔根（今嫩江县）和呼兰四城，设旗屯官庄 136 处，这是流域内屯田农业之始。1699 年，黑龙江将军移驻齐齐哈尔，从此齐齐哈尔成为当时北方的政治、军事中心，人口增多，农业稍有发展。流域内最早的堤防是清乾隆六十年（1795 年）在齐齐哈尔城南修三家子嫩江堤。清嘉庆二十年（1815 年）为防松花江洪水顶托倒灌，修建呼兰城堤防。清光绪年间，陆续修筑了齐齐哈尔城南的船套子和城北的齐富、昂昂溪北的龙坑等嫩江堤。清光绪二十四年（1898 年）随着"中东铁路"修建和哈尔滨城市扩建，修筑了哈尔滨埠头区（今道里区）松花江干流江堤，哈尔滨道外区江堤则见于清宣统三年（1911年）。清光绪三十二年至三十三年（1906～1907 年），官商集资建嫩江支流洮儿河下游堤防，长 26.5 公里。牡丹江下游依兰城防堤则建于清宣统二年（1910 年）。

2. 农田水利

清光绪七年（1881 年），第二松花江流域的桦甸、永吉等地朝鲜族农民，用柳条拦河做坝引水种稻。清光绪二十一年（1895 年），五常市农民引拉林河水自流灌溉种水田。接着牡丹江流域的农民纷纷仿效各自引干支流水灌溉种稻，到宣统末年，流域内牡丹江、海林、阿诚、宾县、榆树等地以及饮马河、雾开河流域的农民种水田的日益增多。

3. 水运

松花江水量较丰，除冬季外，其余季节均可通航，但在清朝中叶以前，帝俄凭各种借口和特权，霸占松花江内河航行权。清光绪三十二年（1906 年）黑龙江省前署将军德全为抵制俄帝在松花江的水运，成立呼兰轮船公司，购买船只，航行于哈尔滨至呼兰间，航程 300 余公里。1907 年东三省联合成立汽船官运总局，总局设于哈尔滨，吉林省设分局，开辟了哈尔滨至呼兰、哈尔滨至三姓、吉林至小城子（今陶赖昭）3 条水运线。1908 年，嫩江上游甘河煤矿局成立黑龙江省轮船经理处，开辟齐齐哈尔至吉林、扶余等处航线。

2.6.2 民国时期

1. 水运

1915 年，扶余商会发起创办利国轮船转运公司，航行于第二松花江和松花江干流至富锦间。1917 年俄国十月革命后，帝俄船主相继停航卖船，中国商人乘机卖船振兴民族航运业。1919 年，在哈尔滨成立戊通航业股份有限公司，有轮船和拖船 49 艘，是一个较大的航运公司。哈尔滨设总公司，黑河、伯力等地设分公司，开辟松花江、嫩江、黑龙江干流和乌苏里江等长达 9300 余公里的营运线，停靠 142 个码头。1925 年，戊通公司改组为东北航务局。1926 年，组建东北海军江运部，没收中东铁路航务处的船只共 40 余艘，全部加入东北航务局。1927 年底，以东北航务局为主体，海军江运部、丰田航业公司等 6家官商参加，组成东北联合航务局，有轮船、拖船近 120 艘。同时兴办东北商船学校、航务传习所、东北造船所和东北水道局等机构，为发展松花江流域民族航运业做出了贡献。1931 年，进一步扩大，组成哈尔滨官商航业联合会，拥有船舶 290 艘，并开展水陆联运业务。

2. 防洪

民国时期，施行"实边兴垦"、"奖励开荒"等政策，沿岸土地开垦增多，水患意识增强，陆续修筑江河堤防以防洪。松花江干流于 1915 年建肇州、肇东等地的三肇大堤，同时修筑呼兰、哈尔滨江北松浦堤、木兰和富锦城防堤、同富堤段，并全面整修哈尔滨道里、道外江堤。嫩江流域修建齐齐哈尔城南、昂昂溪以西和富锦堤段；嫩江支流绰尔河、讷谟尔河和呼尔达河沿岸也修筑防堤。1926~1927 年重新对洮儿河下游被洪水冲垮的堤防进行修整和重建。这些堤是当地民众按地均摊筹款或贷款自建的，标准低，质量差，大水年多数被冲坏。

3. 灌溉

民国年间，世界稻米价格昂贵，进入流域内种稻的朝鲜农民增多，也出现了经营水稻生产和做稻米生意的商人。政府官员、地主和外商设招垦局，创稻米公司，招募农民拦河筑坝，修渠道，开荒种稻。例如俄商在牡丹江镜泊湖等处租地种稻，经营稻米生意。1924年通和县当局设招垦局，创阜通农业公司，在古东河两岸挖渠引水灌田。同时，龙江县有广信稻田公司，哈尔滨有惠滨稻田公司等。当时，黑龙江省已有小灌区 22 处，灌溉面积约 1.53 万公顷；第二松花江两岸的吉林、长春地区，水田也有了发展，榆树县知事在卡岔河沿河购地数百公顷，成立合资的稻田公司，雇佣 200 户朝鲜农民种稻。至 1930 年，长春地区水田面积约为 1000 公顷。

2.6.3 日伪时期

日伪侵占东北,对松花江流域的水利和水运实行一系列掠夺政策。首先接管了东北航务局、东北造船所等机构和企业。1932 年,日伪设水运司,垄断经营松花江和航运业务,开辟哈尔滨通往扶余、黑河和富锦等地的航线。其中,哈尔滨到佳木斯段客运量最大,货运物资主要是煤炭、木材、大豆和杂粮。

松花江流域 1932 年、1934 年连续发生大洪水,哈尔滨市区进水被淹,日伪为巩固其统治,对流域内干流和主要支流及一些开发灌区的河段,包括佳木斯城防堤、第二松花江干支流堤均进行了修建,同时做了一些排水工程。但筑堤缺乏统一规划,堤防的防洪标准低,质量差,在 1945 年大水中,一些堤防和堤段被冲毁。日伪时期的水利建设,其目的是为了掠夺流域内丰富的水力资源和土地资源,以紧急供应侵略战争时的电力和粮食。

1. 水力发电

1936 年日伪即拟定了第二松花江水利开发计划,经过简单的勘察,选定小丰满为第一期开发地点,并于 1937 年正式动工兴建。当时拟定的规模是:坝高 91 米,坝长 1080 米,总库容 125 亿立方米,除发电外并有防洪效益。电站分两期,装机共 10 台,其中第一期 8 台机组总容量 55.4 万千瓦,年发电量是 18.9 亿千瓦·时。大坝施工时,混凝土质量低劣,蜂窝、狗洞、裂缝、冻害很多,坝体严重渗水,威胁大坝安全。1936 年日伪还提出《镜泊湖水力工事调查报告》。镜泊湖水电站为利用牡丹江上有天然湖水的自然落差,开挖长约 2800 米的隧洞,引水发电。水电站装机 2 台,总容量 3.6 万千瓦,年发电量 2.1 亿千瓦·时。电站于 1938 年 12 月开工,1942 年机组先后投产。

2. 农田水利

日伪统治时期,流域内农民积极性受到挫伤,灌溉事业停顿,稻田公司关闭,灌溉面积锐减。日伪为攫取粮食,将沿江河适于发展灌溉的土地和原有群众灌溉基础较好的小型灌区,掠夺为"开拓团"用地,成立许多"拓植公社",饮水种稻。恢复和开发了引西灌区(饮马河)、海龙灌区(辉发河)吉马伊河、拉林河、汤旺河流域的五常、方正、延寿等地区的灌区,包括著名的查哈阳灌区和前郭旗灌区。查哈阳灌区系引嫩江右岸支流诺敏河水自流灌溉。设计灌溉面积 0.67 万公顷。到 1945 年,完成渠首进水闸、总干渠、支斗渠和渠系建筑物。为补充灌区水源,1941 年开始修建黄篙沟水库(今太平湖水库),库容 1.16 亿立方米,1945 年基本建成,但为病险库。前郭旗灌区位于第二松花江左岸,沿江设 3 处抽水站提水,开发水田 5 万公顷。抽水站在哈达山,第二抽水站在锡伯屯,共安装 45 台机、泵,抽水量 141.75 立方米/秒。1943 年动工兴建,到 1945 年完成第一、第二抽水站的部分厂房,安装了 7 台抽水机、泵,修建了总干渠、大部分支渠及部分排水干支渠。

2.6.4 中华人民共和国成立后

抗日战争胜利后,流域内大部分地区是解放区,民主政府从 1946 年开始组织群众,调拨粮食,整修加固松花江干支流堤防,恢复遭到破坏的灌区设施,同时着手建设查哈阳、前郭旗等大型灌区未完成的工程,但受战争影响,进行的工程并不多。中华人民共和国成立后,松花江流域才开展了大规模的水利建设。

1. 防洪除涝

除第二松花江干流有丰满大型水库外，松花江干流、嫩江干流没有控制性的水库工程，防洪主要依靠堤防。堤防的整修加固成为经常性的岁修工程，但堤防多是在原有民堤基础上整修形成的，质量差，城市防洪标准也很低，虽然抗御了 1953 年、1956 年、1957 年和 1969 年嫩江、松花江发生的特大洪水，减轻了洪灾，但防汛是成千上万人上堤，紧急抢险，付出了很大代价。1998 年嫩江、松花江发生特大洪水，嫩江干支流堤防决口，灾情严重，哈尔滨市防汛异常紧张。汛后，国家拨出专款，按照规定要求，全面修复水毁工程，大力整修加固堤防，防洪标准明显提高。全流域干支流堤防总长约 1.6 万公里，其中主要堤防长 4245 公里，农田防洪标准可达 20 年一遇；第二松花江下游堤防与丰满水库调洪泄流相配合，防洪标准可达 20 年一遇；哈尔滨市和长春市防洪标准可达 200 年一遇。

流域内的松嫩平原地势低洼，易涝成灾，20 世纪 60 年代开始建设治涝工程。70 年代后期，按总体规划，遵循以排为主、蓄泄兼施、分区排水等原则，修建沟、渠、桥、涵相结合的涝区工程，并建设一些机电强排站。到 1990 年，完成治涝面积 247 公顷，占流域易涝面积的 74%。

2. 农田水利

20 世纪 50 年代中前期，在恢复原有灌区的同时，重点建设中型灌区；后期，灌溉有了较大发展。六七十年代进行整顿、调整和配套工作。为了改变黑龙江省西部松嫩平原的干旱、洪涝和盐碱状况，以及供给大庆油田用水，从 70 年代开始，黑龙江省陆续兴建了引嫩江水的"三引"工程（北部引嫩、南部引嫩、中部引嫩工程），在大庆油田用水、地方病区饮水和农田灌溉等方面，收到了较好的效果。80 年代，流域内进一步挖潜配套，增加水田面积，扩大灌溉效益。七八十年代，流域内出现几次大旱年，旱田遭灾减产，因此，利用地下水发展旱田井灌以减灾增产。为了节约农业用水，开展渠道防渗、浅水灌和喷微灌等节水技术，推广水稻旱育稀植、坐水种等措施，逐步使传统农业向现代节水型农业迈进。前郭旗灌区经过恢复、续建，到 1957 年底，灌区工程基本建成，1985 年设计灌溉面积达 2.1 万公顷。查哈阳灌区 1947 年就开始修复、续建，60 年代对黄蒿沟水库进行改建和维修，1985 年查哈阳灌区有效灌溉面积已达 2.3 万公顷，其中水田面积 1 万公顷。

3. 水资源综合利用

中华人民共和国成立后，民主政府接管了丰满水电站和镜泊湖水电站。在恢复生产的同时，对丰满水电站进行续建、改建、加固和扩建，使丰满水库除发电外，还承担第二松花江下游的防洪任务。丰满水电站装机达 100 万千瓦。对镜泊湖水电站增建新厂，新老厂共装机 9.6 万千瓦，年发电量 3.2 亿千瓦·时。

1975 年，开始兴建白山水电站。一期右岸地下厂房装机 3 台，共 90 万千瓦，于 1984 年投产发电；二期左岸地面厂房装机 2 台，共 60 万千瓦，1992 年全部建成。在白山水电站施工期间，进行了红石水电站建设，装机 20 万千瓦，1987 年建成。自 20 世纪 90 年代开始，白山水电站上游的松江河梯级电站进行施工。位于牡丹江下游的莲花水电站，装机 55 万千瓦，年发电量 7.96 亿千瓦·时，已于 1996 年 12 月发电，1998 年 10 月全部建成。

另外，与开发灌区、提供水源相结合，在流域内二级、三级支流上，修建了一批水库，例如石头口门、察尔森、龙凤山和泥河等。这些水库均将防洪列为首要任务，并实现综合利用。流域内已建成大型水库26座，控制流域面积13.22万公顷，占流域总面积的23.7%，库容近300亿立方米，其中防洪库容65亿立方米，对减轻各支流的洪灾有一定作用。

为解决城市用水，还实施了引松入长工程。

4. 水运

1946年人民政府接管了日伪的松花江航运局，组建新的航运机构。打捞和修复沉船，发展水上运输，支援解放战争。1949年后，以哈尔滨为中心，正式开辟通往富锦、通河、肇源、黑河和抚余等地的航运线。20世纪80年代后，航运业务又有新发展，货轮、油轮和拖驳船队都有所增加，通航里程达4000公里，并开展了木材、煤炭和粮食的专线运输。

2.7　辽　河　水　利　史

辽河古称大辽水、辽水，历史上流域内多为少数民族游牧地区，农事活动较少，水利事业少见记载，水旱灾害也少见于文字。清代开始，水利活动渐多。日伪时期，日本侵略者进行掠夺式开发。中华人民共和国成立后，辽河水利事业才得到迅速发展。

2.7.1　清代以前

辽统和二十七年（1009年）和金大定元年（1161年），有西辽河地区和太子河流域的大洪水记载，但很简单。

辽河、浑河和太子河下游的水运可追溯到三国时期，孙吴发兵经海上航行由辽河口循大辽河、太子河到达襄平（今辽宁辽阳），与公孙渊通好以牵制曹魏。金代，辽河干流从河口到开原通航，并在开原设仓贮粟，如果山东、河北荒歉，可漕运接济。元代，在辽东设7个水路交通站，并于辽阳等处设水运官员。明朝统治辽东后，驻守官兵的俸禄、布匹等均由山东、河北官仓海运至辽东，然后溯辽河分储开原、辽阳与广宁（今此镇）等地，每人动用船只数千艘次。明代还在辽东设边墙，以扼制当地少数民族的袭扰。同时修建了两处用于军事的水利工程：①路河。正统元年（1436～1438年），由广宁东制胜堡到海州（今辽宁海城）东昌堡，挑挖路河，全长170里，以接运由海上运如辽河下游三汊河附近布花堡卸下的布匹、棉花等货物，军民称便。嘉靖四年（1525年）和四十二年（1563年），曾两次疏浚路河，使河道断面深6丈、宽2.3丈；②永利闸。明孝宗弘治十七年（1504年），于沈阳西北约30里平罗堡南的蒲河上，建水闸一座，闸高1.5丈，宽2.5丈，用于沈阳附近的边防。明世宗嘉靖四十四年（1565年），在原闸位置用条石重建，高宽不变，横过河身5.2丈，两岸各砌码头一座。

2.7.2　清代及民国前期

清代以盛京（沈阳）为陪都，东北地区满族居民大部分随迁入关，将东北区东部视为"龙兴"之地，实行封禁政策，汉人不得出关。顺治十年（1653年），虽颁布《辽东拓民开垦例》，但仅实施10年，即行废止。因此流域内长期是人少地多，农事和水利活动停顿。清嘉庆以后，山东、河北等地灾民，不顾清廷的禁令，由海陆两路进入辽河流域，居民日渐增多，居民中多数从事农业生产。

1. 筑堤防洪

辽河干流下游筑堤始于清康熙年间，记载不详。嘉庆年间（1796～1820 年），奉天将军松筠鉴于辽河沿岸居民频遭水患，奏请筑堤，"上下延袤二百余里"，这是官修辽河堤防。浑河、太子河下游"地势低洼，遇雨则涝"。于道光年间（1821～1850 年）开始修堤，由下游到上游，逐渐延长，辽阳唐马寨附近堤段即筑于此时。当时有顺河堤、圈堤、护屯堤，堤高一般 1～2 丈。随着筑堤增多，出现了群众性的"坝会"组织，规定"群众按地均工，无地者不出工"。筑堤占地由坝会按地价收买，并规定春、秋两季对堤坝进行整修。

1917 年大洪水后，东辽河、西辽河两岸开始筑堤，例如西辽河通辽、开鲁、双辽城防堤及双辽以下沿河堤均筑于 1925 年。东辽河下游怀德和梨树境内堤防筑于 1917 年洪水后；1930 年洪水后，加大了修堤力度，到 1932 年，梨树全境有堤 69 公里，保护耕地 1.34 万公顷；怀德境内有堤 42 公里，保护耕地 0.44 万公顷。

2. 农田水利

历史上流域内引水灌溉的记载很少。清初，农田水利活动是自发和零星的。清乾隆二十九年（1764 年），赤峰市喀喇沁旗丰营子、引锡伯河水浇地 10 公顷；道光五年（1825 年）赤峰一带士绅在老土城子引水修渠，长 3.5 公里，浇地 10 公顷。清末，流域内朝鲜族居民增多，普遍开始引水种稻。东辽河下游 1912 年始种水田，至 1930 年形成大榆树灌区，水田面积 3220 公顷。1921 年，西辽河、教来河沿岸的通辽、开鲁和科左中旗朝鲜族居民，择地引水种稻 1.33 万公顷。1900 年前后，浑河上游、太子河上游和大辽河下游一些地方居民，引用当地水源种稻。一些地方还出现了稻田公司。1912 年，奉天水利局成立，该局组织修建的引浑河水灌溉的新开河灌区，是流域内最早较大的自流灌溉工程，渠道长 13 公里，种水田 700 公顷，该灌区至今仍为浑北灌区沿用。

3. 水运

清初封禁，辽河干流仅通航营口到巨流河（开诚）段。清康熙二十二年（1683 年），为了抵御帝俄对东北地区北部的侵略、实施了松、辽、黑水陆联运；由辽河溯流而上到东辽河，经陆运入伊通河，顺松花江而下，再溯黑龙江达瑷珲（今爱辉），运送军需，每次动用船只数百艘。咸丰三年（1853 年）民间允许通航到铁岭以北。此后，辽河流域水运达鼎盛时期，1904 年，辽河干流运输船只约 2 万艘，《奉天通志》称"大有掩江之势"。通航河段从营口到郑家屯 700 余公里，沿岸有大小码头 50 余处；太子河韩家店到三汊口河段通航 200 公里，浑河长滩到三汊河段通航 205 公里；1905 年，中东铁路建成通车，辽河上游水土流失，河道变迁淤积，辽河航运急剧衰败，到清宣统年间，辽河船只只有 3000 余艘。1924 年，为彻底改善辽河下游航运，从双台子河口以下 20 公里的二道河子起，南到大辽河下游的夹信子，开挖一条长 26 公里的运河新开河，并在双台子上二道河子处建 7 孔拦河节制闸马克敦闸，以维持通航。由于整个工程缺乏全面规划，且受潮汐影响，航道淤塞。1930 年以后，新开河商船已不能行使，辽河干流航运从此一蹶不振。

2.7.3 日伪时期和国民党接受东北时期

日伪占领东北，为能长期统治和紧急供应战时粮食，进行了一些水利活动和水利工程建设；设立了辽河理水调查处，对辽河干支流进行了一些调查、勘察，并于 1942 年提出

《辽河水系治水计划概要》。在防洪方面，鉴于松花江流域1932年、1934年连续出现大洪水，灾情严重，1937～1943年对辽河、浑河、太子河下游及其他主要支流进行堤防整修，计1000余公里，但均在原有民堤基础上，堤线没有改动，堤防断面单薄，防洪能力很低。在西辽地区，清光绪二十年（1894年），西拉木伦河大水，曾于河口附近左岸决口，分流洪水形成长200余公里的新开河，为两岸干旱的农田提供了水源。1940年，日伪为解决两辽河干流通辽、开鲁一带的稻田用水问题，强行筑黑龙坝堵截新开河上口，新开河流通46年后断流。1945年汛前，日伪为阻止苏联红军进入东北，又强行扒开黑龙坝，决口洪水使新开河两岸丰收在望的2.7万公顷农田遭灾。1947年，辽北省民主政府组织人力堵复黑龙坝，大坝长1200米，筑顺水堤30余公里，1948年6月完工。东辽河地区，日伪初期即规划修建东辽河干流滴嗒嘴子水库作为"紧急农地造成工程"，于1943年底开工，坝高27.5米，总库容9.4亿立方米。同时开工的有水库下游的梨树、秦家屯和双山灌区的渠首和干渠工程，计划开发水田3.2万公顷。1945年，水库完成了工程量的大部分。5月中旬蓄水灌田。辽河下游大辽河两岸，群众水利基础较好，日伪提出"改良土地"、"兴修水利"的口号，在右岸盘山地区，修建了荣兴、南满、新义、平安、天一等5座扬水站，垦水田1万公顷；在盘山以下设大友农场、高智农场，用水泵抽水灌溉；同时利用马克顿闸、新开河及天庄台扬水站，使灌溉能力达2万公顷。在大辽河左岸营口地区的大房身、赏军台等地，建电力扬水站以增加水田面积。

为开发开垦辽河干流和饶阳河之间的土地，1940年进行饶阳河下游改道工程，挖人工河道长15公里，将饶阳河水引入东沙河，在沈山铁路南饶阳河旧道一带洼地，建郑家平原水库，面积69平方公里，蓄水量9600万立方米。

国民党接管东北时期，除进行东辽河水库尾工外，仅进行了太子河和其他河流的复堤堵口工程和水利资料、财产的接收整理，未进行其他工程建设。

2.7.4 中华人民共和国成立后

中华人民共和国成立后，辽河流域开始了水利建设的新阶段。

1. 治河防洪

20世纪50年代，辽河进入丰水期，1949年、1951年、1953年和其后的1960年，接连发生大洪水，灾情很严重，水利建设以复堤堵口、修复水毁工程、全面整修堤防为主，同时开展防汛排涝等工作。辽河流域洪水峰高而洪量相对较小，建库蓄水消减洪峰作用好。1954年开始修建浑河大伙房水库，这是辽河流域第一座大型水库，从而进入了防洪治本工程的阶段。1958年提出了《辽河流域规划要点报告》，从50年代末至90年代，陆续修建控制性的大型水库工程，西辽河地区有红山、塔拉干和吐尔吉山等7座；辽东中下游有清河、柴河、参窝、观音阁等8座；60年代对二龙山水库进行扩建，增大库容1倍，提高了调节能力；70年代将柳河上游的闹德海拦沙堰扩建改造为大型水库，使之可以承担防洪任务。截至1999年，辽河流域建成大型水库17座，控制流域面积占全流域面积的26%，总库容24亿立方米。20世纪50年代开始，每次洪水后都对河道堤防进行治理整修，但不彻底，堤线和堤距不合理，河滩地上套堤、房屋、林木和过河公路引桥众多，设障严重，影响泄洪与防汛。80年代中期开始，特别是《中华人民共和国水法》颁布实施后，流域内全面整治河道堤防。1986～1990年，对辽河干流堤防整修筑堤近1000公里，完成土方 1 亿立方米，并彻底清障，恢复防洪能力。90 年代，浑河、太子河、大辽河、西辽河干流和东辽河二龙山水库以下堤防，也全面进行整修，同时大力整修大中城市的防洪堤。到 20 世纪末，全流域堤防总长约 9000 公里，主要堤防长 5744 公里。水库与堤防相配合，广大农田可防御 20 年一遇洪水，沈阳市可防御 300 年一遇洪水，其余大中城市均达相应的防洪标准。

2. 农田水利

中华人民共和国成立，即着手恢复较大的梨树和盘山灌区。西辽河的哲理木盟地区，是内蒙古东部的主要粮食产区；二龙山水库下游是吉林省主要粮食产地之一；辽河中下游更是辽宁省的工农业精华地区。随着大中型水库的建成，为流域内农牧业提供了必要的水源。西辽河地区 20 世纪 50 年代中期即开展引洪灌溉，随着河道旁边侧滞蓄洪区的修建，红山水库以下的梨树 4 个灌区，20 世纪 80 年代灌溉面积已达 3 万公顷；随着红山水库建成和 20 世纪 70 年代以后开发利用地下水，使河道两岸的灌区不断扩大和增加；二龙山水库以下的梨树等 4 个灌区，20 世纪 80 年代灌溉面积已达 3 万公顷；随着浑河谟家堡大闸的修建，辽、浑、太子三河下游的浑沙、浑浦、灯塔和盘锦、营口等大型灌区陆续建成和扩大。2000 年全流域有效灌溉面积 199 万公顷；万亩以上大中灌区 160 处，有效灌溉面积 82 万公顷。

辽河流域是水资源紧缺的地区，20 世纪 80 年代开始，流域内各省、自治区发动群众，开展科学研究，大搞喷灌、滴灌等节水措施，收到了良好效果。

流域内有易涝耕地 120 万公顷，占流域耕地面积的 30%，其中约 100 万公顷分布在辽河、浑河、太子河下游及河口附近，其余分布在东辽河下游和西辽河平原区。1949 年，只有一些低标准的排水沟渠。20 世纪五六十年代对涝区进行初步治理，建立自排系统，修建田间沟洫畦田和平原河网；20 世纪 70 年代进行大规模治理，统一规划，因地制宜，采取综合措施，治涝标准由 5 年一遇提高到 10 年一遇；20 世纪八九十年代，涝区进行全面配套建设，巩固治涝成果，已有 70% 左右的涝区达 10 年一遇标准。

3. 治理水土流失

辽河流域辽东和辽西山地，历史上是树木林草茂密的地区。清代中叶以后，居民增加，遭受战乱及无节制的乱砍滥伐，山区水土流失不断加重加剧，特别是辽河干流源头区和柳河、饶阳河流域，其中以老哈河、教来河和柳河上最严重。20 世纪 50 年代初期在饶阳河上游山区修造谷坊工程，普遍开展水土保持工作。但边治理边破坏，见效不大。1982 年，柳河列入国家 8 个重点治理水土流失地区，随着《中华人民共和国水土保持法》的贯彻实施，依靠群众，采取综合措施和小流域治理，保护水土资源，治理水土流失，建设改善山区生态环境，取得明显成效。全流域已治理水土流失面积 3 万余平方公里，约占应治理面积的一半。

2.8 太 湖 水 利 史

以太湖为中心的水利史可分为四个发展时期。

2.8.1 隋以前

以太湖为中心，北至长江，南至钱塘江，东至东海，西界石臼、固城太湖地区的水利开发史。相传商末吴泰伯开泰伯渎。春秋后期修胥溪、胥浦、蠡渎、固城圩等。较可靠的材料证明，吴王阖闾和夫差时（约公元前514～前470年），钱塘江与长江间已有水运交通，向西通长江可能有中江水道，向东通海有多条水道。《史记·河渠书》记载"于吴，则通渠三江五湖"概括了这一地区的水运开发情况。地区内湖泊多、河流密，灌溉和水产之利也有小规模开发。

秦汉时，钱塘江岸已出现海塘。江南运河已初步形成。三国时，孙吴曾在海皇（后称海宁）进行水利屯田；赤乌八年（245年）校尉陈勋开破岗渎，自句容境（今城东南13公里）向东越山冈至云阳西城（在今丹阳县延陵镇南）接原有运河，沿程修了14处堰埭。这是我国见于记载的最早堰埭。过堰需要拖船升降，就有了原始的升船设备。相传赤乌年间还修过句容西南30里的赤山湖，筑塘引水成湖，下通秦淮河，南北朝时曾整修，隋代废弃。唐鳞德年间（664～665年）又修复，后改名绛岩湖，大历十二年（777年）再复修时名赤山塘，塘周长百余里，溉田万顷。吴永安三年（260年），曾开垦丹阳湖田，筑浦里塘，未成功。西晋时，修筑练湖。东晋南北朝时，中原人民大量南迁，江南水利迅速开发。东晋大兴四年（321年）修新丰塘（今镇江东南18公里）。相传东晋时曾建湖州荻塘，灌田千顷。刘宋时，在湖州建吴兴塘，溉田2000顷。长兴西南15里的西湖亦为南朝时修凿，溉田3000顷。南齐建元三年（481年）萧子良曾提出南京以南各县旧堰塘甚多，修治后可垦为熟田8554顷。

两晋南北朝时，太湖流域水运交通比较发达，许多河流修筑堰埭，过埭设施用牛拖船，叫牛埭。南北朝时，所收堰埭税是国家一笔可观的收入。

太湖流域的排涝问题，也在南北朝时期出现。刘宋元嘉二十二年（445年），姚峤太湖排水通道松江及泸渎排水不畅，吴兴常有水灾，经过20年的勘测，提出由苕溪向东南开渠排水入杭州湾的方案，工程未成。至梁中大通二年（530年）才大规模施工，收到效益。

2.8.2 隋唐至清末时期

唐代除了大修赤山、练湖及长兴西湖等堰塘外，元和八年（813年）常州刺史孟简在常州西北开孟渎，长41里，引江水南流，与原运河相接，成为通江航道之一，并可灌田4000顷。孟简还在无锡重开泰伯渎，渎长80里。元和末年（780年左右），杭州刺史李泌引西湖水，灌城内六井，供居民汲引。长庆四年（824年）杭州刺史白居易大修西湖，建成人工水库，用以济运，并灌溉钱塘、盐官（今海宁县）一带农田4000余顷。湖州境内也修了一些池塘灌田。据《新唐书·地理志》记载，海盐县有河塘及古泾300处。元和二年（807年），开元和塘，自苏州至常熟长90里，元和五年（810年），苏州刺史王伟铮修筑松江堤为路，即后来的吴江塘路。太湖塘浦水网的形成，自唐中叶起，始见于记载。广德元年（763年）开浙西水利屯田三处，其中嘉兴一处最大，筑塘岸，开沟渠，自太湖至海边，曲折1000余里，构成灌排系统。岸上有路，沟内行船。五代时，吴越于苏州一带设捞浅军七八千人，专事疏浚导河筑堤。北宋初一度放松治理，水旱为灾，后来常有修治。熙宁年间（1068～1077年），郑宣提出太湖地区，特别是苏州的水土治理建议，指出太湖下游的塘浦遗迹是每5里或7里有一纵浦；每7里或10里有一横塘，中有"圩田"之形象。他列举了塘浦旧迹共四项130条，旱田塘浦旧迹三项130余条，共有260余条。

他还主张先治田，高筑塍岸，然后再治塘浦胃干河道，分减水势。元祐四年（1089 年），单锷提出了治理太湖水灾意见，主张"上阻"，堵截西面水阳江流域东流入湖的水；"中分"，开沟渠，分水北入长江；"下泄"，疏导吴江，从塘浦排水入海。其后，郏侨、赵霖倡办开港浦、筑圩裹田、河口置闸，实施工程以开塘浦为多。北宋后期的政和年间（1111～1118 年），提倡开江围湖造田，大修苏、湖（今吴兴）、秀（今嘉兴）三州圩岸。

南宋至元代继续围湖造田，因围田过多，形成了旱无处蓄水灌溉，涝则水无所泄的局面。于是有垦湖为田和废田还湖的争议。后来遂以排水治涝为主。元明清，太湖流域成为全国的主要农业经济区，疏浚修筑约三四千次。

元代延祐四年（1317 年），平江路（治今苏州）辖境已经有围田 9929 处。元代修太淞水利亦不下百次，其中以任仁发于元大德、泰定时两次疏浚吴淞江干支流各河水道影响最大。

明代，仍以开浚为主，规模最大的有永乐元年（1401 年）复原吉、正统年间（1436～1449 年）周忱、天顺四年（1460 年）崔荣、弘治七年（1494 年）徐贯、正德十六年（1521 年）李充嗣、嘉靖二十三年（1544 年）吕光洵、隆庆三年（1569 年）海瑞、万历五年至八年（1577～1580 年）林应训等人的修治。小规模和局部工程不下千次。明代，吴淞江渐淤堵，多次疏浚，并大力疏浚黄浦、白布、测河等干支水道作为主要排水通道。

清代，大小疏浚不下 2000 余次，黄浦江较通畅，其余吴淞、白茆、浏河、七浦等水道虽经常施工，但河道愈来愈浅狭。康熙年间较大的修治工程有 4 次；雍正五年至九年（1727～1731 年）曾大修太湖水利；乾隆年间次数更多，以乾隆二十八年（176 年）为最大；嘉庆年间有两次；道光年间陶澍、林则徐、陈銮等又大修江浙水利。自道光四年（1824 年）起，连年施工，咸丰以至民国亦屡有修浚。

清代人总结宋元以来太湖治水方案，不外 5 项：①控制上游及中游，例如溧阳、高淳修五堰、东坝等截西面来水；杭州修长河堰等截南面来水；苏州修望亭堰等阻北面来水；②下游分导入江入海，例如东开吴淞江、黄浦江、浏河，北开七鸦、白茆诸浦等；③修塘浦纵横贯通，形成河网化水道，以调节水流；④内修围岸，构成圩田，控制排灌；⑤于塘浦入江海之口建闸，以引江水、拦潮水、防止泥沙，利于排泄。

太湖流域海塘工程以浙西海塘、钱塘江北岸海塘最为雄伟。唐开元元年（713 年）即有重修海塘 124 里的记载。南宋及元，以海宁海塘修筑最多。明代在海盐修筑亦有多次，清代则仍以海宁为重点。计自唐至民国动员万人以上的大工程不下 40 次，小规模者达数百次。

2.8.3　民国时期至中华人民共和国成立以前

连年战争，主管水利的政府部门频频更迭，虽然制定过一些零星的整治方案和计划，开展过一些小规模的工程建设，但太湖流域的水利陷于无政府状态。

民国元年（1912 年），设立上海浚浦局（隶属于海关），制定《黄浦江继续整治计划》。1914～1927 年先后设立江南水利局、苏浙太湖水利工程局等机构，开展了一些河湖疏浚、海塘修筑和在长江南岸七浦塘上建闸等局部治理工作。此外，还在嘉兴、苏州、无锡等地建立了水位、雨量站等，太湖流域从 1922 年起就有了较完整的水文资料。1927 年初，在接收江南水利局等单位的基础上，成立了太湖流域水利工作处，直属国民政府，开始从全流域范围开展地形、水文测量工作和防洪、防潮、航运、灌溉等工程计划。曾于1927年提出《治理吴淞江初步计划》，1928年提出《治理娄江初步计划》和《浚治胥江计划》等文件，但仍缺乏整体规划作指导。1929年太湖流域水利工程处撤销，同年成立太湖流域水利委员会。该会于1931年提出《太湖流域水利计划和实施大纲》，但其内容仍限于制定计划、筹集资金等。1935年又与扬子江水道整理委员会、湘鄂沪江水文总站等单位合并组成扬子江水利委员会，曾提出《东太湖蓄洪垦殖工程计划》、《东坝中河航道整理计划》、《东苕溪防洪工程计划》、《太湖通江各口筑坝工程计划》、《上海港维护工程计划》等。不久，抗日战争爆发，太湖流域成为沦陷区，有关工程计划未予进行。包括其后的解放战争时期，太湖水利几乎无人问津。

在这一时期政府没有组织有效的水利建设，但地方势力和财团受利益驱使，盲目侵占、围垦水面，淤塞河道，严重恶化了这一地区的水利条件。例如，东太湖在1916年尚有湖面265平方公里，至20世纪50年代初仅余188平方公里，围垦面积约30%。

2.8.4 中华人民共和国成立以后

中华人民共和国成立后的一段时间，流域的水利曾先后归长江水利委员会、淮河水利委员会、太湖水利局和长江流域规划办公室主管。1954年，太湖流域发生了20世纪以来最大的洪水，相当于50年一遇，广大城乡遭受严重洪涝灾害。从50年代末着手开展流域水利综合规划工作。1985年，经国务院长江口与太湖流域综合治理领导小组协调，江苏、浙江、上海三省（直辖市）对流域规划方案取得一致意见。1984年底太湖流域管理局成立，隶属于水利电力部。1986年，水利电力部向国家计委转报太湖流域管理局编报的《太湖流域综合治理总体方案》，1987年国家计委批准了该方案。此后，太湖流域的水利事业进入了一个新的发展时期。

中华人民共和国成立以来，太湖流域的水利建设取得了很大的成就：山丘区兴修大小塘坝13.6万座，其中大中型水库近40座；平原拓浚河道，建设闸坝，完成了沿江控制任务；江堤海塘逐年加高增厚，发展机电排灌动力等。抗御水旱灾害的能力显著提高。

1991年太湖流域发生大洪水，太湖水位达到了超历史的最高纪录，造成了严重的洪涝灾害。国务院于当年决定全面实施太湖治理工程建设，太湖流域掀起了一个前所未有的水利建设高潮。太湖流域综合治理共有11项骨干工程，即望虞河、太浦河、杭嘉湖南排、环湖大堤、东西苕溪防洪、湖西引排、武澄锡引排、拦路港、红旗塘、杭嘉湖北排和黄浦江上游干流防洪工程，这些工程已陆续完工。1999年太湖流域再次遭受特大洪水，太湖出现了5.08米历史最高水位，超过1991年最高水位0.29米，流域平均30天降雨量为150～200年一遇，杭嘉湖地区超过200年一遇。由于建设中的太湖治理工程已取得了显著的进展，重点骨干工程已基本完成，流域防洪工程体系已初步形成，有效地抗御了这次超历史的特大洪水。

第3章 水利科学技术史

中国水利科学技术史包括中国古代、近代及现代的水文、水力学等基本理论、水利工程的勘测、规划、设计、施工、管理等技术以及水利机具等的历史发展进程。

3.1 科技史分期

3.1.1 萌芽期

中国水利科技史的萌芽期是夏、商、周三代，即公元前2100～前256年。

1. 理论技术

夏、商、周时期，先秦经史诸子中的《管子》提到不少值得注意的见解：《管子·度地》认为水灾、旱灾、风灾、雹灾、瘟疫、虫害等灾害中，水灾最大。又把地表径流分为5种：经水（干流）、枝水（分支）、谷水（季节水）、川水（枝流）及渊水（湖泊）。还描述了一些水流现象，例如水跃、环流、冲刷等，涉及水力学理论。《管子·地员》认为水为"万物之本源"，水的物理特性是"万物之准"，治国的关键在于水。此篇还叙述了地下水埋深与土壤种类、植物的关系，涉及地下水知识等。《管子·水地》中则谈到了水质与人的关系。《周礼·匠人》中提出以水平定高低，垂球定垂直等测量技术。

2. 勘测规划

夏、商、周时期，《左传》中记载有地区水土开发利用的勘测规划性措施；测定统计山林、沼泽、土地高低，规划蓄水塘堰、田间灌排系统的方法。在大禹治水的传说中已有勘测、规划等基本技术的原始记载，《尚书·禹贡》中提出全国性水土治理利用的设想。《周礼》中提出田间排灌系统分渠道为5级，还叙述了蓄水、防水、引水、分水、灌水、排水等一系列工程技术。对于修筑堤防，公元前651年，齐桓公于葵丘会诸侯时，已有"毋曲防"（不筑不合理的提防）的盟约。

3. 设计施工

《周礼·考工记》记载井田灌排各级沟洫的一般尺寸，排水沟30里加宽一倍，堤防边坡的尺寸为3：1，并指出沟洫的设计要看水势，使泥沙不淤积；堤防要看地势，使水流不冲刷。公元前510年，《左传》中记载了筑城土工的施工计划和组织，有计算长、宽、高、深，取土位置、工期、劳动力、费用和粮食的要求，以此作为劳动分工的依据。《周礼·考工记》记载，沟和堤施工时，首先要做好样板段，才能全面动工。战国时，黄河下游已有堤防出现。《左传》鲁昭公三十年（公元前512年），吴国筑坝壅山水灌徐城（今泗洪南），遂灭徐国；晋出公二十一年（公元前454年），智伯筑坝壅晋水灌晋阳（今太原西南）；战国秦昭王二十八年（公元前279年），白起伐楚，筑堰断鄢水灌鄢郢（今宜城南）。这些都是比较大的筑坝工程。西门豹在漳河筑十二个滚水堰引水灌溉，使用的是低石堆坝。

4. 管理维修

《管子·度地》记载了当时堤防维修制度，修防巡堤查勘办法，及冬春在滩地取土、夏秋于堤背取土培修等的施工要求。公元前 375～前 290 年，战国白圭以治水筑堤著名。《韩非子·喻》指出，"千丈之堤以蝼蚁之穴溃。白圭之行堤也，塞其穴"，意思是堤防防蚁必须摆在第一位，而白圭管理维修时，十分注意将小小的蝼蚁洞穴填充，此书记载了白圭丰富的堤防修守经验。《慎子》记载，"治水者茨防决塞"。茨防，后人解释为埽工。埽工是中国特有的一种在护岸、堵口、截流、筑坝等工程中常用的水工建筑物。

3.1.2 第一次发展期

我国水利科技史的第一次发展期自秦灭周至东汉中平六年，公元前 256 年～189 年。

1. 基本技术

战国末期称水利专家为"水工"。秦代有地方官按时上报降水量的规定，东汉及后代也有类似规定。李冰修都江堰建石人水则量水。《淮南子·地形训》记载了灌溉水质和适宜种植的作物。西汉时人们已经认识到多泥沙河流可以进行淤灌，即肥田和改良土壤。这一时期，人们还掌握了 1 顷陂塘可以灌田 4 顷的经验数据。

2. 勘测规划

秦修建都江堰、郑国渠、灵渠以及整顿江河堤防。汉代所修各大工程，都有勘测规划、定线测量和地形测量。西汉时治黄有许多意见，以规划性意见为主，例如贾让治河三策等。

3. 设计施工

这一时期，黄河下游修筑有 1000 多里堤防，并有了石堤、护岸及挑水石坝（石激）等建筑物，还组织了裁弯取直、疏浚等工程。西汉末曾提出蓄洪、滞洪等方案。瓠子堵口，采用的平堵法；王延世东郡堵口采用的是立堵法。唐代有明确记载，竹笼用于都江堰始于秦汉。都江堰用分水鱼嘴，灵渠用分水铧嘴，说明已有早期的分水建筑物。西汉开龙首渠隧道，用竖井分段施工，由此发展为"井渠"，即坎儿井。西汉时期，长安的供水渠建有渡槽。西汉狼汤渠引黄河水的闸门为土木结构，曾开凿了黄河三门砥柱，以改善黄河航道。东汉汴渠建有数座水门，互相补充，后来多改为石门。王景治浚仪渠时采用的"墕流法"就是后来的堰埭。

4. 维修管理

西汉时期，黄河已有修防制度，设有专职管理。汉武帝时制定的"水令"，是农田水利管理方面的法规。元帝时，召信臣开发南阳水利，曾制定"均水约束"，刻在田边的石碑上，是灌区的用水条例。汉代设都水长，管理水泉、河、湖及灌溉工程，分属中央及地方。成帝时，曾设都水使者，统一领导都水官吏，东汉时都归地方管理。西汉哀帝时曾命息夫躬"持节领护三辅都水"，即有组织管理的对水利进行维修管理，以此开发关中水利。

5. 水力机具

根据《史记·秦始皇本纪》记载，秦汉时期即已出现比桔槔复杂的提水机具。西汉时水碓用于谷物加工；东汉初水排用于冶铁鼓风。东汉科学家张衡制造了水转浑天仪。东汉末，有使用翻车、渴乌（虹吸管）的记载。

3.1.3 中衰期

我国水利科技史的中衰期是自东汉初平元年至隋政权建立前，（190～580 年）。

1. 理论技术

这一时期，水利科技理论方面并无较多成就。东汉建安年间高诱注解《吕氏春秋·圜道》时，明确指出了水文循环过程。

2. 勘测规划

曹魏正始年间（240～248 年），全面规划，大兴淮颍两岸水利屯田，范围至数百里。西晋杜预根据气候变化、涝灾增加的实情，建议废除这些工程，排除渍水。北魏（517年）崔楷提出海河水系下游幽、冀、瀛等州的排洪渍涝规划，建议新建排水沟渠、堤堰等系统，构成一个排水网，水口要多，能冲洗盐碱，排干沼泽。实施前要勘测、规划，并提出收效后在低地种植水稻、高地种植桑麻的开发利用规划。

3. 设计施工

浙东农田水利在直接入海的小河流上筑堰闸，御咸潮蓄淡水灌溉已开始发展。江浙一带的人工运河上，例如三国吴时的破岗渎，修建系列堰埭蓄水、平水，是早期的渠化工程。南北朝时，在天然河流上普遍设堰埭行船。邗沟上也有一连串堰埭。南朝梁天监十五年（516 年），筑拦淮大坝浮山堰，雍水灌寿阳（今安徽寿县城），堰长 9 里，高 20 丈，用 20 几万人修了两年多，曾向龙口抛了几千万斤铁器护坝脚，是淮河干流上修建的第一座拦河坝。这一时期以水作武器的战事遍及江、淮、河、海各水系。

4. 管理维修

曹魏在淮颍流域军事屯田兴办的水利，北魏在黄河上游军事屯田兴办的水利等都是军事管理。南方河渠上政府兴建的大量堰埭，都设官吏收税，是当时国库的一大笔收入。私人所有的水利也有人管理收费。

5. 水利机具及其他

曹魏时马钧作翻车，又做大木轮，以水发动，带动木人击鼓吹箫，跳丸掷剑，"百官行署，春磨斗鸡，变化百端"，是一套水利机具。南方河渠上的堰埭过船时，用人力或畜力拉船过堰，亦有简单机具，是原始的斜面升船机。当时南方航运发达，有载重 2 万石的大船。南齐祖冲之创造了脚踏机船。东晋时创造了莲花漏。

3.1.4 第二次发展期

这一时期为隋开皇元年至北宋末（581～1127 年）。

1. 基本理论及技术

北宋时对黄河水文情况已有较深入的认识。提出以季节物候命名的汛水，以水流情况命名的水势，以及按照物理性质或化学性质分类的所含泥沙，例如夏天的胶土，初秋的黄亹土，深秋的白垩土，霜降以后的沙等。《河防通议》记载黄河的"土性与色"，按土性质分 7 种，按色分 5 种，认为是治水者必有的知识。宋代，测河中水流有"浮瓢"或"木鹅"法，即用铁脚木鹅顺流漂下，探沿程深浅；或用多数浮漂至干支流同时放入，测水流的相对快慢。量河流水面高差，有沿河傍掘井，量井水面高低法以及沿河引水外出以多层小堰拦蓄，量堰水高差法。北宋时已有初步的流量概念。唐宋测量已有类似现代的较简单的水平仪和经纬仪。

2. 勘测规划

唐宋两代，长江下游及太湖流域湖泊水面开发为纵横塘浦，形成水网，中间筑圩田或围田。唐以屯田等方式兴修；北宋人提出治田，开港浦，海口置闸等规划，又有人提出以疏泄为主的治理太湖流域规划。邗沟及江南运河的通航，常"以塘（湖泊）潴水，以坝（堰埭）止水，以澳（人工池塘）归水，以堰（溢流堰）节水，以涵（涵洞）泄水，以闸时其纵闭，使水深广可容舟"。有较完整的工程体系，可以有效地运用。

3. 设计施工

唐宋运河上的水工建筑物最为完备。唐玄宗时，在长安城东修成广运潭为停泊港，于武后时开成。在黄河航道上的三门砥柱岸旁，于开元末天宝初（741～742年）曾开凿开元新河，以避黄河上行船之险。隋代于古汴口筑梁公堰引黄河水入汴河，唐代重修，建石斗门引水。斗门上建木阁，架木桥。邗沟南端也有两斗门和梁公堰斗门相似。北宋汴河口设"石限"，限制泥沙和洪水侵入。宋都东京（开封）以西建有若干减水斗门，泄洪放淤。汴京近郊有横跨河上的金水河渡槽和官营磨茶用的几处大水磨。汴水流急，北宋中期把汴河桥梁都改成"飞梁无柱"的拱桥，河内没有桥柱或桥墩，以防碰撞行船。汴京的西段曾用碎砖，碎石筑成"虚堤"多处，引渗水外出蓄积备用。元丰年间（1078～1085年）引洛水为源修清汴工程，河旁利用陂塘蓄水接济运河，名水柜。淮扬运河（淮阴到扬州），真扬运河（仪征到扬州）及江南运河闸坝建筑物最多。北宋雍熙年间（984年）出现了类似现代船闸的复闸。稍后，又有带积水澳和归水澳的澳闸，普遍推广到江南、江北运河段。临江各闸又建有拦潮闸，拦蓄江潮济运。淮扬运河有蓄水济运的扬州五塘。北宋末，这一段蓄泄河水的石跶和斗门不下七八十座。在灵渠上，唐代李渤时设置斗门，鱼孟威时设斗门18座，北宋发展为36座。

唐代长安、洛阳、北宋汴京都有以漕运和供水为主的城市水利工程。

此期间，黄河埽工已很成熟，能控制长、高各数丈的埽个；护岸工程已有马头，锯牙，木岸，木笼等多种类型。堵决、闭河时，于两岸筑"约"以锯牙进占技术已熟练掌握。堤防已有遥堤、缕堤、月堤等名及按照距河远近的分类，堰坝已有软硬之分。

农田水利方面，唐代郑白渠渠首有长、宽各百步的将军翣分遏泾水。北宋改为每年拆修的木稍堰。唐代渠道横穿水道用平交法，以斗门节制。太湖塘浦工程。北宋已有于水中就地取泥的筑塘法。它山堰建于唐代，渠首是一座空心坝。唐宋放淤肥田，宋熙宁中已有方格放淤法。北宋嘉祐时，山西引山洪淤灌，已有技术总结。

这一时期，海塘、海堤迅速发展，以钱塘江两岸最宏伟，由土塘发展为柴塘，埽工塘，竹笼石塘以至砌石塘。

4. 管理维修

现存唐代水利法规有残书《水部式》，包括若干水利管理条文。北宋开发农田水利的规定有《农田水利约束》。唐代对关中水利管理最严，由京兆少尹负责，下设渠塘使。曾多次拆除郑白渠上的水碾，最多一次拆除数十座。唐宋黄河、汴渠都有岁修制度。宋代规定每年秋冬备料，春天增修堤防，汴渠还要修浚。唐宋大运河漕运主要采用"转搬"制度，即以江河船只构造不同分段运输，如江淮船不入汴，汴船不入黄等。汴渠引黄多泥沙，不能设堰闸。宽浅多沙，宋代曾筑木岸，束窄河道，冲刷泥沙，以整理航道。宋代黄、汴岁修堤防检查土工质量，采用锥探法。

5. 水利机具及其他

唐宋水碓水磨等极发达。大者如天宝七年（748 年）高力士在沣水上作碾，有五轮同转，"日破麦三百斛"。北宋东京附近有官设磨、茶水磨多处。长葛等处，一次增修水磨就有 260 余座。隋唐已有高转筒车，北宋江南运河有一种木涵洞，中设"铜轮刀"，水冲轮转，可以切割机草，是一种类似水轮机的工具。唐宋时曾制造了水运仪象台。北宋试用过一些疏浚黄、汴的机械，例如熙宁中的铁龙爪、扬泥车及浚川耙等，但效果不好。

3.1.5 由盛转衰期

这一时期为南宋、元至明嘉靖四十五年（1127～1566 年）。

1. 基本理论及技术

自北宋以来河湖已普遍安置水则，有木、石两种。还曾通过地形测量以一个标准水则控制大面积上的水深。南宋各州县普遍设置量雨器。元代郭守敬最早提出海拔概念用于水利勘测。明代已有测量队组织，包括锥手、步弓、水平、画匠等不同人员分工。

2. 勘测设计

郭守敬首次自宁夏溯流探河源，沿流而下至山西以北，勘查航道及河道可修复的古渠；又自中游孟门以下沿黄河故道，纵横数百里，测量地形，规划分洪及灌溉渠道，绘图阐述意见。至元十二年（1275 年），他又勘测汶、泗、卫等河与黄河故道之间的广大地区，规划开运河行漕运，后遂开成会通河。开会通河亦事先勘测规划。元至正年间，贾鲁治河亦经勘测绘图后提出方案。明代白昂、徐有贞及刘大夏治河，都有勘测规划。

3. 设计施工

元代沙克什著《河防通议》，编辑宋、金防河旧制，分为 6 章。其中制度、料例、功程、输运、算法 5 章都是关于设计、施工的内容；《王祯农书》列水利田 9 种，田间工程 10 余种，都是总结前代的水利工程技术成就。

元代引沁灌溉的广济渠有拦沁河的大型滚水石堰，引泾灌溉的丰利渠渠首有大型石囷堰。囷亦作囤，元代亦用于筑海塘。都江堰鱼嘴曾用铁 16000 斤铸为铁龟，堰亦曾改为石砌，并跨内外二江筑石闸门。明代亦曾筑铁牛为鱼嘴。冯楼亦有记载。明代钱塘江海塘已有五纵五横鱼鳞鱼塘。

贾鲁治河于汛期施工，用石船堤挑水。郭守敬修通惠河，引昌平泉水建成白浮瓮山河，与现代京密引水渠渠线设计基本一致。明代宋礼、白英建南旺分水在设计方面有独特成就。

4. 管理维修

京杭运河元代已有管理制度，例如限制大船进入会通河等。明代陈瑄自长江边至通州设铺 500 余处、闸四五十处；并设浅夫、闸夫等管理维修；又订漕运制度，管理运用制度已较完备。

《河防通议》记载了金代黄河修防的《河防令》，共 10 条。明代设总理河道，专司黄河、运河修防，下设一系列官吏、吏役，并订有制度。元代李好问的《长安图志·泾渠图说》记载有泾渠管理条例。

5. 水利机具及其他

唐代李皋创造的脚踏机船原为两轮，南宋初已发展至 16 轮，还有手摇的轮船。元代的《王祯农书》总结前人工作，记有提水工具 7 种，水力机具 8 种及计时用漏 1 种，其中包括王祯自己的创造。

3.1.6 缓慢发展期

这一时期为明隆庆元年至民国末年（1567～1948 年）。明末清初，西方教士曾传入欧洲水利技术。近代，西方技术更大量传入。

1. 基本理论及基本技术

明隆庆、万历时（1567～1620 年），对泥沙性质有了更多认识，潘季驯提出束水攻沙及放淤固滩等理论。清康熙年间，陈潢提出流量概念，并用于设计。

同治四年（1865 年）汉口始设长江水位站，光绪十五年（1889 年）始用新法测黄河图。光绪三十四年（1908 年）永定河设河工研究所。1915 年成立河海工程专门学校。1918 年设泺口黄河水文站。1923 年德国人恩格斯始作黄河模型试验，1933 年，在天津成立中国第一个水工试验所，1935 年在南京成立中央水工试验所。

2. 勘测规划

明万历时，潘季驯提出统一治理黄淮下游及运河的规划。清乾隆时，胡定提出黄河上游水土保持意见。光绪二十四年（1898 年）比利时工程师卢法尔勘测黄河。次年，提出下游治理，上游水土保持，进行测绘及水文测验等规划性意见。1931 年编成导淮计划及永定河治本计划。李仪祉等采用近代水利科学原理提出上下游全面治黄意见。

3. 设计施工

潘季驯始筑成洪泽湖水库，于黄河下游修成一系列堤防，有遥堤、缕堤、月堤等。清康熙年间开中运河后，黄河、淮河、运河在清口会合，为了通航和遏制黄河水倒灌，在清口做了大量堤坝、引河等工程。黄河埽工到清代已发展成为软厢。埽工按作法可分为 2 类；按形状可分为 9 类；按作用可分为 4 类；按所在位置可分为 5 类；按用料分有三四类。坝工按作用、形制、用料等分类也有多种。清中期以后，护岸已采用石工，后来还有砖工。黄河及海河水系上放淤固堤始自明代，清中期曾经大量进行。

明末徐光启介绍西方技术，著《泰西水法》，有造作水库等技术。民国 10 年（1921 年）利津宫家坝黄河堵口参用西方堵口方法。民国 36 年（1947 年）黄河花园口堵口亦采用西法参以旧法。20 世纪 30 年代初，台湾嘉南大圳及泾惠渠渠首堰都采用新法筑堰。

4. 管理维修

潘季驯曾制定黄河堤防修守制度。明清两代对河防及运河，农田水利都有较完备的管理维修制度。其中有全国性的，也有地区性的。运河运输管理及通航建筑物的运行也都有系统制度。黄河、运河及海河水系清代都设河道总督，下设道、厅、汛等管理机构。其余江河多归地方管理。防洪报汛，已有飞马报汛及皮混沌报汛等方法。清宣统元年（1909 年）黄河上始用电报报汛。

5. 水利机具及其他

明末，徐光启已介绍西方水泵、玉衡和恒升。中国第一座水电站云南石龙坝水电站，始建于光绪三十四年（1908 年），1912 年建成。

3.2　古代水文学

在中国，公元前 20 世纪以前就有洪水传说，前 16 世纪有大旱和伊水、洛水干涸等记载。《春秋》已记载了大水、大旱、霖涝、暴雨等水文现象。《二十四史》中的《五行志》、《本纪》，数千种地方志及其他一些文献中记载了 2000 多年间的水文现象不下数十万条。

3.2.1　水旱灾害的探索

战国时治水名家白圭（约公元前 375～前 290 年）预测农业收成随水旱 12 年为一变化周期：丰收—收成不好—过渡—旱—收成较好—过渡—丰收—收成不好—过渡—大旱—收成较好、丰水—过渡。早于白圭百余年，计然推测：12 年中：3 年一丰收，3 年一衰落，3 年一饥荒，3 年一旱；或 6 年一丰收，6 年一旱，12 年一次大饥荒。

3.2.2　水循环

先秦著作《吕氏春秋·圈道》已指出：海水上升为云，西行；陆水东流入海的循环。后汉末高诱（约 150～220 年）注《吕氏春秋》更明确指出：云下降为雨。他还在《淮南子》注中申明水循环的规律是：地面水—云—雨—地面水；地下水—泉—地面水—云—雨—地面水—地下水，两个小循环。

3.2.3　河道水流

古代单独入海的河叫渎，《管子·度地》称为经水；又称从大河分出入另一河或海的河流为枝水；时有时无的山溪称谷水；汇入大河或海的较小河流称川水；出地不流的称渊水。在《尔雅》一书中，各级河流按所在地形、水源、水流情况各有专名。它还描述了黄河为"百里一小曲，千里一曲一直"。《管子·度地》在分析水流现象时提出与坡度、冲淤、水跃、环流等相应的现象。《宋史·河渠志》详述一年中各季节的洪枯及一些水流动态；《河防通议》记述了 18 种河流波浪状况；明清河工文献中也有许多关于水势的描述。

3.2.4　水质及泥沙

《管子·水地》提出了水质和人类生活的关系；《淮南子·地形训》提出中国主要河流水质适宜灌溉的农作物。古代北方许多泥沙河流都利用泥沙淤灌。西汉张戎提出对黄河挟沙量的认识，号为"一石水六斗泥"。明代潘季驯等已认识到河床断面流速及挟沙能力的关系，提出"束水攻沙"的治黄战略。《宋史·河渠志》把黄河各季节泥沙淤积分为 4 类。《河防通议》又把黄河泥沙分为 7 种土、5 种色和 7 种沙，共 19 种。

3.2.5　地下水及泉

先秦时，人们已认识到地下有伏流，例如黄河自昆仑山伏流数十里至今河源；济水多次隐、现等。《尔雅》等书将泉水按出流形式分为七八种。《管子·地员》记载了各类土壤、各种地形的地下水埋深情况，并以"施"（七尺）为计算单位。把平原土壤分成 5 类，埋深自 1～5 施；丘陵、山区分成 16 类，埋深自 6～20 施。又把山丘的泉分为 5 类，埋深自 2～21 尺。明末，徐光启引进西方水法，提出探测泉脉的 4 种简易办法和饮用泉水水质与土质的关系。清乾隆皇帝曾用称量法测定了各地名泉泉水的比重。

汉武帝时开龙首渠，凿隧道通水，施工时开多道竖井进行，由此发明了井渠，演变为引用地下水灌溉的坎儿井。

3.2.6 水文测验

先秦已有雨量、水位的测定，战国时，秦国《田律》已规定地方官吏需及时上报雨量及受益、受害田亩，汉、唐、宋也都有类似的规定。南宋数学家秦九韶提出各种量雨器计算雨、雪数量的方法。金、明、清亦沿用上报雨泽的制度，明、清还用以预测洪水及准备防汛。清代北京观象台有逐日逐时记录降水的制度，现存自雍正二年（1724 年）至光绪二十九年（1903 年）共 180 多年的观测记录《晴雨录》。

古代观测水位的水标尺叫水则或水志。战国时李冰修都江堰时立三个石人作水则，后代演变为在水边山石上刻画。后代大江大河上常在石崖刻记观测到的大洪水水位。北宋时大量设立河、湖水则。熙宁八年（1075 年），重要河流上已有记录每天水位的"水历"。宣和二年（1120 年），朝廷命令太湖流域各处立水则碑。苏州吴江县长桥水则碑大致立于此时，用以记录太湖向吴淞江出口的水位，根据这个水位可以判断农田有无水灾。南宋宝佑四年至六年（1256～1258 年），庆元城（今宁波市）内改进旧水尺，并率定水位与四乡农田淹没关系，用以启闭沿江海排水闸。明代浙江绍兴三江闸也有类似水则。清代，长江、淮河、黄河、海河上都多处设置水则，用以向下游报汛。山东微山湖口设水志用以控制蓄水或向运河供水；洪泽湖高家堰水志用以控制排泄淮河洪水。

古代还常用水中岩石来刻画水位，例如长江中的涪陵石鱼，上面刻画有唐代广德二年（公元 764 年）以来的枯水位及有关题刻。沿海还用石刻记载潮水位涨落的高低。

北宋时举物候为水势之名，描述水情。有立春后的"信水"，二月、三月的"桃花水"，四月的"麦黄水"，五月的"瓜蔓水"，六月的"矾山水"，七月的"豆华水"，八月的"荻苗水"，九月的"登高水"，十月的"复槽水"，十一月、十二月的"蹙凌水"等。古代关于流量的测算始自北宋。元丰元年（1078 年）已有记载用水流断面计量过水量，也首考虑到了流速的不同。元代以过水断面一方尺为一徼来计算水程（相当于流量）。清康熙年间，陈潢提出以每单位时间过水若干立方丈为过水量单位。康熙皇帝提出过闸水量的计算应"先量闸的阔狭，计一秒所留几何"，已与现代流量概念相同。乾隆年间，何梦瑶提出用木轮测水面流速的方法。

现代所用观测方法，多自西方引进。清道光二十一年（1841 年），北京已有雨量的定量观测。同治七年（1868 年），长江在汉口设水位站。各大江河设水文站多始于民国时期。

3.3　古　代　水　利　测　量

中国古代适用于水利工程建设和管理的量测技术。

3.3.1 水道测量

先秦时已有了直线距离、水平高差和俯仰角度等方面的测量实践。晋代已有了制图学。唐代已有水平仪的详细描述，使用已较普遍。北宋时，沈括（1031～1095 年）提出当时测量汴河纵剖面常用的水平、望尺（有刻度的窥管，相当于今经纬仪）和千尺（度竿）的方法误差较大。他采用引河水外出，筑大量梯级小堰，堵水灌平，级级相承，量堰上下水面高差，即可求得河段或全河的水面高差，进而可量得河身纵坡。元代郭守敬为了测定黄河、海河两水系的高差，提出以海平面为测量基准，实际是海拔的概念。

量测河床起伏，有无浅阻，隋代已用铁脚木鹅漂浮下行或拖曳前进来进行。量测河渠横断面一般直接度量宽深求得。明代开渠曾用过一种木轮车，上装有量面宽、中间宽和底宽的三条横杆，在已开成的渠道中拖拉前进，断面尺寸是否符合规定即可测出。明代开河测开挖土方与现代方法相同。测新筑土堤是否密实，北宋时已用锥探法。元代编辑的《河防通议》详细记述宋金时所用测算各种工程量的方法。

3.3.2 水文测验

秦九韶记载，南宋时州县通用的量雨器叫天池盆，一种是口大底小的圆桶，另一种是口小腹大底更小的圆罐，量雪则用圆竹笭。他还提出折算平地雨深和雪深的方法。近代朝鲜还保存有中国乾隆时的铜质量雨器。测量水位，战国时李冰在都江堰立石人水则，是用水位至五人身体的某个部位，例如脚、腰、胸等来衡量水深，后代变为刻画，亦有的以题刻做标识，以水位至某字处表示水的大小。测定地下水位，除直接掘井外，在河边即以河水位为准；反之，亦可用河旁小井来定河水位。测定流量，宋代已有用浮瓢的办法。清代用木板量水面流速。元代以徼定流量，是在固定断面处量水深。测定渠水分流时的分水比例，秦九韶曾提出测算灌溉分水量的方法，但误差较大。清乾隆年间，陆耀曾测定京杭运河南旺分水的南北流比例，采用的方法是，取南北河道长度相等、河宽相近的各一段，分别灌水，各灌至同样深度，利用它们各自经过的时间来确定。

北宋年间，开凿引泾河水灌溉的丰利渠时，曾提出用水量法估算可灌溉面积，即以一昼夜可灌溉的亩数乘以可灌时间，如能充分利用，一年可灌时间就是 360 昼夜。

地下水由于含矿物质不同而比重不同，清代乾隆皇帝曾用特制银斗称量北京玉泉山的泉水，每斗重为一两；又遍测各地名泉水的比重，每斗最重的是南京清凉山、太湖白沙、苏州虎丘及北京碧云寺，每斗重皆为一两一分，称量雪水的重量九钱九分七厘。古代对预测水情、雨情等也都积累了丰富的经验。

3.3.3 水力仪器

古代利用水的特性和水流的力量为动力，制作了多种仪器，例如欹器、水平仪、漏壶及水力浑天仪等。

3.4 古代治水方略

本节主要介绍中国古代关于全国或地区的兴修水利、根除水害的方针和策略。

3.4.1 先秦的治水方略

先秦文献中有大量的关于大禹治水的传说，其中包括专篇《尚书·禹贡》。由于记述的语言简略难读，后代人的理解不一致，一般认为《禹贡》为战国时编成，内容以战国为下限，是古人根据实践经验、传说、记载以及当时掌握的有关知识综合整理而成的一个水土治理的设想。它把全国分成九州，分别记述了各州的自然资源，包括山水、土壤、物产和农业生产力以及与政治中心所在的黄河相联络的水运通道等。它还记述了全国范围的主要山脉和河流。最后提出，统一九州后要建设城镇，开辟交通道路，疏通江河，兴修水利工程，使各处的水都有归宿，然后整顿财富，划定政区及建立制度等。

周灵王二十二年（公元前550年），谷水和洛水泛滥，将淹没周都王城的王宫。太子晋提出平治水土的方略：山为土石所聚，不应当平毁；泽薮是动植物生长的所在，不应当填平；河川是水流的通道，不应当堵塞；湖沼是容蓄水的地方，不应当排泄。共工氏和崇伯鲧违反这些原则，归于失败。大禹治水，根据天时地利，顺应自然规律，制定治理方略，在共工的后代四岳的协助下，培植山丘，流通河流，筑堤防，围湖泊，培育薮泽，开发平原，在冲要的地方建立城镇，"会通四海"。这个方略与《禹贡》一书所述内容大略相同，都是本着顺应自然规律、社会规律，符合人民愿望，因势利导的原则制定的。

上述方略提出两年后，楚国根据通行的制度治理财富，对水土开发利用提出的办法是：列出已有耕地和可垦耕地；估算出山林面积；统计积水的湖沼和低洼泽薮；辨别人为高地和天然丘陵；标出肥美的和瘠薄的农田；计算高燥和湿润的面积；规划塘堰陂池；划定平原耕地及河川堤防界限；定出近水潮湿的牧草地；把平衍的良田分成井字形，形成沟洫系统。因为是一个地区的开发，没有提水运问题。《禹贡》是叙述全国范围的情况，所提出的水运网络，与当时全国统一的要求相符合。

《管子·度地》中以水、旱、风、霜、厉为5种自然灾害。并认为"水最为大"，提出了修堤防水的具体措施。

3.4.2 秦汉以后的治水方略

秦代统一全国后，由于疆域广阔，自然条件和社会经济条件不同，历代各地区的治水方略各有侧重：黄淮海平原，黄河的治理和修防是重点；西北及江南，农田水利的开发是重点。都城与重要经济区之间，运河的开通是重点。在有侧重的同时，也兼顾其他方面，是多目标的综合开发。

治河防洪方略的制定，常直接受政治经济情况的制约。例如，由于战争攻守的需要，各大江河都有人为决口成灾的事实；北宋和金治理黄河，北重于南；明清治水，以保证漕运为主，黄、淮河的治理方针都以此为前提；元明清建都北京，海河水系发展灌溉较多。

方略的实施，常受时代及技术水平的限制。例如治河工程主要是修筑堤防，其次是分疏改道。先秦人虽提出"不防川"，但洪水横流，为灾甚大，还是要修堤防挡水的。其主要方略有如下几种。

1. 汉代因其自然说

先秦人提出"象天"，汉代人就提出不同的治黄主张。汉武帝时，黄河于瓠子决口，长期不堵，丞相田蚡提出的理由是"塞之未必应天"，应听其自然；汉成帝时，李寻、解光的治黄意见是"今因其自决，可且勿塞，以观水势，然后顺天心而图之"；汉哀帝时，平当根据《尚书·禹贡》论治河，提出"按经义，治水有决（分疏）河深川，而无堤防壅塞之文。"也主张自然分疏。贾让治河三策中的上策指出，"疆理土地，必遗川泽之分"，"治土而防其川，犹止儿啼而塞其口"，主张任河向北漫流，"势不能远泛滥，期月自定"。这种说法对后代治水方略很有影响。东汉初，议论治理黄河和汴河的方略，也有人说：

"宜任水势所之，使人随高而处，公家息壅塞之费，百姓无陷溺之急。"

2. 北宋限制洪水说

北宋开宝五年（972年）诏书说："每阅前书，详究经渎，至夏后所载，但言导河至海，随山浚川，未闻力制湍流，广营高岸。"仍是先秦"不防川"的一种解释，以后，在治理黄河无成效的情况下，宋神宗说："河决或西或东，若利害无所授，听其所趋何如？"又说："如能顺水所向，迁徙城邑以避之，复有何患？"但如果黄河没有一定趋向，"善决，善淤"，形成洪流，不能不加以限制。贾让三策中的上策就包括"西薄大山，东属金堤，势不能远泛滥"，还是要靠堤防约束拦挡。北宋建中靖国元年（1011年），任伯雨提出，黄河"泥沙相半"，淤久必决，"势不能变"，"或西而东，或东而北，亦安可以人力制哉！为今之策，正宜因其所向，宽立堤防，约拦水势，使不致大段漫流"。宽堤防缓流，是北宋人治河的重要经验。

3. 分疏洪水说

黄河下游两道分流或多道分流，起源甚古。先秦已有"禹疏九河"之说。又有济水、漯水分支的存在。西汉有瓠子决口，形成两道分流，还有屯氏河分流。漫流或多道分流的局面直到王景治河时才归为一道。魏晋南北朝时堤防失修，长期漫流。隋唐以后，或分流，或一二年一次决口，决口也是分流。如将决口分流一起统计，2000多年来，分流时期约占2/3以上。北宋初曾有复遥堤不如分流的主张。明代常有人工挖河向南分黄河水的工程。

黄河决口分流后，夺代了主流而不堵，就成为改道。有意识不用堵的办法而改道或人为改道都是治河方略的一种，常和夏禹故道说相连。旧道既淤，不能疏浚，改行新道，实际是节省了疏浚工程量。"疏"也包括浚深，所以改道与分疏是一种方略。主张人为改道始自西汉，北宋曾进行了多次人工改道，未取得成功。明清时，黄河南流，多次有人提出改河北流，因为北低南高，北流顺畅，乾隆年间有人明确指出应减水或改道入大清河。

4. 束水攻沙说

明代潘季驯主张治理黄河应采用"束水攻沙"的战略：坚筑缕堤束水刷沙是对黄河的疏导；筑遥堤防止泛滥，导水入海是顺水之性；攻沙使沙不淤是顺沙之性。他反对分流，认为"水分则势缓，势缓则沙停，沙停则河饱，饱则夺河。借势行沙，合之者乃所以杀之也"；反对改道，主张决口必堵，认为旧河淤，新河亦淤，数年之后，新河也变为旧河。

清代陈潢认为，黄河泛滥并不是河性善决，而是就下的性质受到抑制；治水要顺其性，疏、蓄、束、泄、分、合都是顺自然立性；堤防束水是以顺水性，合水势达到刷深河底，水得就下，是以水治水的自然之性。采用宽筑遥堤的办法以防止洪水泛滥；采用在遥堤上修减水坝的办法以有控制地分减洪水；治河不能一劳永逸，只有经常不懈地修守堤防。

5. 散水匀沙说

按束水攻沙理论治河的效果不显著，清代有不少人针对河流的泥沙问题反对修筑堤防。陈法认为，古代治黄只有疏导，没有堤防。河决为灾是由于修堤，所以主张开河而不筑堤。宽立遥堤亦无益而有害，无堤时水只有泛溢而无决口。河溢泥沙可以淤地，麦季可以加倍收获。沙漫散于大面积土地上，在河槽内淤积较少，澄水归槽时可以冲刷泥沙，支流和沥涝可以顺畅流入河内。

清代论治海河谷水的主张很多。乾隆年间，对治理永定河就有议论说："治浊流之法以不治而治为上策，如漳河、滹沱河等之无堤束水是也。此外惟匀沙之法次之，如黄河之遥堤的一水一麦是也。"还有人提出宽堤散水匀沙。与此同时，陈宏谋认为，水散漫，深不过尺，不成大灾；沙淤可肥麦田；永定河多沙质堤防，不能束水，只泛滥成灾。他主张学贾让上策，筑遥堤，辅以减水坝，分减特大洪水；分筑护城，护村等堤防。道光年间，程含章及其后的魏源也同意上述说法，认为水害大多是由于筑堤引起，无堤是上策，其次是只筑遥堤。魏源还认为，长江、汉水筑堤也不是上策。同治年间，马征麟提出治江五条，结论是"至于增堤塞溃，在前代或为下策。冀倖一时，自今日视之，直为非策矣！"又把这一观点推广到清水河流。

3.4.3 农田水利兴修方略

古代全国范围农田水利的规划布局，直接受政治经济的需要决定。最常见的有两点。一是政治中心区往往大力发展农业，成为农田水利的重点发展区。秦、西汉、隋、唐建都关中，修建郑白渠等一系列工程。东汉末，曹操先以许都（今许昌）为政治中心，引颍水开屯田水利。后转移至邺（今河北省临漳县西南），沿袭战国时的引漳十二渠，修天井堰灌溉农田和向城市供水。三国吴、东晋、宋、齐、梁、陈都建都建康（今南京），开发长江下游及太湖流域水利。南宋建都临安（今杭州），江、浙、闽的水利事业得到较大发展。元、明、清三代都建都北京，兴畿辅水利，开发海河流域，但不很成功。二是开发边疆，兴屯田，要修水利。汉、唐开发西域，湟水流域、河西走廊、宁夏、内蒙古河套等地区的水利有很大发展。三国时，魏、吴的边界在淮南，魏国在淮河的干支流上兴修了大量的水利工程。北宋时，在今河北宋辽边界地区修建塘泊，水利屯田得到发展。清代，在新疆也建了不少水利工程。

农田水利的开发方略大多是因地制宜，因势利导，根据不同的自然条件，主要有下列几种。

1. 平原地区的渠系灌溉工程。

引水口多建在河流出山峡入平原处，例如漳河上的引漳十二渠、岷江上的都江堰、泾水上的郑白渠、黄河上的宁夏灌区和湿水（今永定河）上的戾陵堰等都是这样。北方多沙河流上的这类工程往往水沙并引，实行淤灌。

2. 丘陵地区的渠塘结合的灌溉工程。

渠道上通连多处蓄水陂塘，此类工程多分布在汉水中游和淮河上游，例如南阳地区引湍河的六门竭、宜城引蛮河的长渠及木渠、湖北枣阳南宋时修的平虏堰等。

3. 山丘区的塘堰灌溉工程。

多分布在南方，北方山西等地也有，例如安徽寿县的芍陂、今洪泽湖一带的白水塘、江苏扬州的陈公塘、丹阳的练湖、南京的赤山湖、浙江宁波的东钱湖等。

4. 东南沿海地区的御咸蓄淡灌溉工程。

独流入海的小河，海潮沿河上溯，使水质变咸，不利灌溉，古代在入海口处筑堰坝阻挡咸潮入侵，蓄积淡水引灌农田。例如浙江绍兴的三江闸、宁波的它山堰以及福建莆田的木兰陂等。

5. 沿江滨湖地区的圩垸工程。

唐代开始迅速在长江下游、太湖流域发展，宋、明逐步推广至巢湖、鄱阳湖及洞庭湖流域，还有江汉平原及珠江下游地区。

6. 井及坎儿井工程。

井多在西北、华北发展，坎儿井集中在新疆。

3.4.4 航运工程的修建方略

历史上运河的开凿和整修都以都城为中心，尽量利用天然河道，力图连接国内更多的地区，形成四通八达的航运网络，以便吸收四方财富，扩大国内经济联系，加强对地方的控制，巩固国家的统一。规划布局由政治、经济、军事等各方面的需要和条件来决定。《尚书·禹贡》所设想的运道，以鸿沟、邗沟、灵渠和白沟等骨干运河开成的隋以前的水运网、隋唐宋大运河、元明清的京杭运河都是这种方略的体现，很多运河开凿的目的是为军事所用。例如春秋吴时开邗沟和菏水，秦开灵渠，东汉末开白沟等。战争过后，大部分归入全国的运河网并加以整修，成为长期使用的运河，有的作用不大则很快湮废。

历史上开凿的运河以航运效益为主，但在水量有余时也引水灌溉，大多为航运、灌溉两用。

3.4.5 平治水土的方略

先秦相传的禹平治水土，后代归纳为因地制宜、因时制宜的普遍开发、综合利用的治水方略，由井田沟洫的实践发展为沟洫治水。

1. 平治水土的概念

明代徐光启认为，农业经济开发的关键在于用水，"均水田间，水土相得"，不仅能除旱涝，还可以调节气候；"沟洫纵横，播水于中"，还可以减少江河洪水决溢；"治河垦田，互相表里"，治水和治田相结合。他建议采取蓄水、引水、调水、保水、提水等措施来用水之源（泉及山溪），用水之流（引用河水），用水之潴（湖及塘泊），用水之委（海口潮汐顶拖的淡水）。掘井利用地下水和修水库蓄积地面水。如果利用得当，"天下无一寸不受水利之田"。治河可自上而下兴修塘泊蓄水，开沟洫于田中容水用水，可以拦沙，可以减洪。如果下游多水，可以修塘浦及圩田。

2. 沟洫的概念

清乾隆年间，晏斯盛提出，"沟洫之法，宜古宜分，惟在变通尽利"，并认为靳辅所开沟田，就是古沟洫的变通，现在还可以再变通：宽阔的土地可以开沟田；没条件开沟田的，可以随地势高下，曲折开通，达到能蓄能泄能灌能排的目的；山谷溪涧是天然的沟洫，可筑陂堰，开沟引水；湖塘、潭泉也可开引或提水；山坡上有泉源时可分层下引，无泉源的多开池塘，层层下灌。坡地可开成梯田，水流陡急可筑陂池节蓄，高地易旱的要灌溉，低地易淹的要预先防治。

3. 沟洫的作用

（1）上源拦蓄水土。沟洫系统是水土保持中的一种较复杂的水利措施。明清两代针对黄河、长江的治理都提出过溪涧筑堰节节拦蓄水沙的办法。清康熙年间，许承宣论西北水利时提出，水上源在西北，下流在东南，用下流利害相半，用上源有利无害，惟不善用则成害。古代西北富饶是由于沟洫之利。他还强调指出，善用上流之水，要开沟渠，筑堤岸，修梯田，浚陂池，用闸坝节制，用提水排灌。

（2）下游分散利用。西汉贾让三策的中策是分河通渠冀州。开渠治田，可以填淤盐碱地，可以种稻，可以通航运。就是在黄河下游，用古沟洫法，兼用水土，也可以进行多方面的开发。明嘉靖年间，周用主张沟洫治河，认为沟洫可以蓄水备旱涝，处处有沟洫，处处都能容水，黄河不会泛滥；人人修沟洫，则人人都在治水，黄河不会不治；水治则田即可治。把治河、治田、备旱涝结合为一，方法是分散水沙，由群众治理。万历年间，徐贞明论西北水利，认为"河之无患，沟洫其本也"。道理是水聚则为害，散则为利；弃之则为害，用之则为利；水害之未除正以水利未修。清人论治河要散水匀沙，提出泥沙平铺散布可以肥田，不致淤积河道。

明末清初，陆世仪曾详细论述长江下游及太湖流域的塘浦及圩田就是多水地区的沟洫制，它可以排灌、通航、除渍涝。洞庭湖、鄱阳湖的圩垸，珠江三角洲的堤围也相同。下游沟洫能否解决泥沙问题有相反的意见。康熙后期，张伯行认为沟洫不能用于黄河下游，因为河中所挟泥沙随流随淤。嘉庆年间，沈梦兰认为，沟洫到处可用，黄河泥沙多，更应当用。夏秋沟洫分散水沙，冬春挑浚沟洫，取淤泥作肥料，很方便。他还认为，沟洫可备旱涝，取淤肥，通航运，改水田，容洪水。

3.5 古代治沙方略

在中国古代，正如用水是兴水利除水害一样，对河流中的泥沙也需要兴利除害。泥沙之害主要是淤积河渠和湖泊等水体。兴泥沙之利可以利用它的化学性质以肥田，可以利用它的物理性质来淤滩固堤等。

3.5.1 治沙于上源

在径流上源拦蓄水沙，保水保土，减少下游沙源，近代称为水土保持。

北宋时沈括已指出了水土侵蚀现象，南宋时已有人提出水土保持的概念。古人提出或采用的保土拦沙措施主要有农林种植措施，涧谷淤地堰坝，引洪淤灌3类。

（1）农林种植措施。南宋时已见梯田之记载，起源在南宋以前。南宋嘉定年间（1208~1224年），魏岘指出树林竹木可固土减沙。元至元六年（1340年），有人指出汶水上游植被为垦田破坏，以致泥沙增多。清人谈及更多，例如道光年间梅曾亮认为森林可以抑流固沙，在此前后魏源、赵仁基、马征麟等都曾提出治长江泥沙的主要措施。

（2）涧谷淤地堰坝。清乾隆八年（1743年），御史胡定提出治黄河泥沙要在干支流上源于谷涧出口处筑堤坝，拦沙成田。

（3）引山洪淤灌及放淤。陕西引山洪淤灌相传始于先秦，山西引山洪淤灌可以追溯到西晋，唐初已有明确记载。北宋称雨后山洪为"天河水"，绛州正平县（今新绛县）曾引淤肥田500顷。河东路（约相当今山西省）九州26县淤田4000余顷，还恢复旧田5800余顷。嘉祐五年（1060年）曾总结成《水利图经》二卷，下至明清，山西尚以降雨后"骤涨之浊潦"为主要淤灌水源。据对清同治年间（1862~1874年）的不完全统计，汾、涑流域等24个县都有淤灌，其中12个县淤灌田地在6000顷以上。这种淤灌或放淤，在北方各省，东自山东，西至甘肃，民间都有实施。

3.5.2　下游治沙

河流是运输泥沙的通道，中国北方河流含沙量大，河道善淤善决善徙，于是有河流中之治沙；下游流域多洪涝，易盐碱化，于是有农田之用沙；引浑水为运河水源，亦苦淤积，于是有运河中处理泥沙的工程措施。

中国古代北方多沙河流在未建堤防以前，沙淤则河溢，河水携沙外流，泥沙于大片面积上自然落淤。有堤防之后立决溢也有同样作用，为了防止决溢成灾，于是有治沙之说。

中国古代常用的方略不外 5 种：散水匀沙、束水攻沙、放淤固堤、引洪淤灌和以清释浑。

（1）散水匀沙。作为治河的一种方案，最典型的是清代在海河水系的永定河、漳河、滹沱河等多沙河流的治理。因当时筑堤防后，决溢不断，康熙年间认为筑堤不如无堤的议论很多。理由是有堤防则水走一道，不能散沙，河道以致淤高，于是就决溢成灾；无堤仅在伏秋大水漫流，水散而浅，不为大灾，泥沙匀铺肥田，"一水一麦"可以补偿，而无河道决溢之患，趋利而避害。有人还主张宽筑遥堤，让浑水在遥堤内散水匀沙，或者筑双重堤防，即遥堤及缕堤，水小走缕堤内，固定河床；水大则有控制地引水落淤在遥、缕二堤之间。明代嘉靖三十七年至隆庆三年（1558～1569 年），黄河自山东曹县至江苏徐州段，先决为 11 股，又决为 13 股，纵横数百里，一片汪洋。水散沙匀，主流无定线。

（2）束水攻沙。明隆庆末万历初（1572～1573 年），潘季驯为河道总督，实行"以堤束水，以水攻沙"的治沙策略。束水工程是一系列堤防，主要的目的是稳定河道，以缕堤束水，水流湍急可以刷沙；筑遥堤防御洪水。清代靳辅沿用这一方案，影响直至近代。

（3）放淤固堤。在潘季驯以前早已有挂柳等简易工程，使浊水在滩地落淤保护堤防。潘季驯也曾提出滩层自然淤高可以代替缕堤，后来又提出在缕堤、遥堤之间利用横堤或月堤引浊水落淤，加固堤背，或在大堤后筑月堤淤积堤背。清代人沿用并加以推广，至乾隆、嘉庆时（18 世纪早期至 19 世纪早期）在黄河、永定河、南运河上普遍放淤固堤，道光以后逐渐减少使用此法。

（4）引洪淤灌。堤背水面有洼地，特别是决口堵塞后，堤背留有原冲刷的深潭，可利用洪水时夹带的大量泥沙淤平，在清代普遍使用。

（5）以清释浑。多沙河流者有较清支流引入，可以冲淡浊水浓度，减少沉积，并可冲刷已淤河床。潘季驯筑洪泽湖水库，抬蓄淮水，淮水较清，自清口与黄河合流，以冲刷清口处的泥沙。清靳辅、陈潢沿用潘季驯的办法"蓄清敌黄"，并且明确提出"以清释浑"的治沙概念。

3.5.3　放淤及淤灌

在河流下游利用泥沙肥田、造田，起源甚古。最早是洪水泛溢，人居高地，低平处水退沙留，土地肥沃，可以耕种，后来就有人工引浑水淤灌及放淤肥田。引浑淤灌始自战国后期之引漳十二渠，秦汉时郑白渠都利用浑水灌溉，同时也利用其所含泥沙"且溉且粪"，古代北方多泥沙河流的引水灌溉绝大多数是淤灌。元代称引泾灌区为"地锐"，指出不用浊水淤灌，土壤就会恶化。明清时永定河上，都曾修过一些淤灌工程。放淤肥田主要是利用泥沙，水分是次要的。唐中叶以后，汴渠上每年春末至秋初停止航运，开放两岸斗门放淤或淤灌。北宋熙宁时大放淤，遍及黄、汴、滹沱、漳河等流域。多沙河流各支流中往往有宽阔滩地可筑石埝引涝入内，实行河滩放淤造田，清代永定河、滹沱河上都实施过。

3.5.4 渠道中之治沙

一般引清水为源的渠道，淤积不严重，多用疏浚办法。引浑水为源则应在渠道中有相应的治沙措施。古代办法之一为疏浚，典型的例子是京杭运河上南旺分水的冬春挑浚及镇江至丹阳段运河的定期疏浚，有专门的规定和管理措施。二为急流挟沙，宋代汴渠比降陡，两岸作"木岸"（木桩梢料护岸）束窄河道，加快流速，增大挟沙能力。三为缓流沉沙，古代济水分黄河水，首段有荥泽、圃田泽等沉沙，所以有"清济、浊河"的对比，相当于现代的沉沙池。

3.5.5 沟恤治沙

贾让治河中策即于黄河下游平地开成渠道网，既可分流，又能淤灌，还可通航。明清两代都有强调沟洫作用的，提出了散水以治河，分沙以肥田的治理方略。

3.6 古代排水技术

古代采用工程措施排除不利农作物生长和人民居住的多余水量，在黄河下游，相传大禹采用"决九川距四海，浚畎浍距川"的方法治水，即以排水为主。先秦文献中有许多按季节开沟渎排水的记载，所谓季春之月"命司空曰：时雨将降，下水上腾，循行国邑，周视原野，修利堤防，导达沟渎，开通道路，无有障塞"。夏季雨多，地下水位上升，要事先作好排水准备。西汉贾让治河三策中提到内黄（今河南内黄县西）"有泽方数十里"，被老百姓排水占垦。东汉崔瑗在汲县也曾开沟排涝水，治碱植稻数百顷。西晋束皙建议在河内地区（今沁阳、新乡一带）排水垦殖和引水灌溉。

在海河下游地区，北魏中期（517年左右）崔楷提出大面积的排涝规划。他认为，积涝成灾，主要是由于这一带河道弯曲，沟渠太小，排水不畅所致。建议开挖新的排水系统，冲洗盐碱，排干沼泽，但实施半途停工。唐代前期曾在沧州（约当今沧州地区）一带开辟多条排水河道，例如永徽元年（650年）薛大鼎在沧州开阒津河。开元年间（731～741年）开凿无棣河、阳通河、毛河和靳河，排泄海河南系河流的夏涝。北宋时期也曾对广袤的河北塘泊实施工程控制。直到近代，排水始终是海河水利的重要内容。灅水流域的排水工程历史悠久。西汉成帝时，曾排干鸿隙陂进行垦殖。

西晋时期淮水流域水灾频繁，咸宁四年（278年）根据杜预建议，把曹魏以后修建的质量较差的多数陂塘以及天然沼泽苇塘等废弃排干。下至近代，这一带排水仍是重要问题。北宋时期，开封东南，颍、涡等流域的排水工程不少。宿、亳、陈、颍（治今阜阳）等州都有。天圣二年（1024年）开封府主管官员张君平为本区排水工作制定了八项政策性和技术性的规定，并得到批准实施。元代以后黄河在这一地区泛滥，水系淤堵，后代兴修不少排水工程。

汉水下游及长江中游湖泊地区的开发，排水是主要措施。著名的排水工程如江陵北部在南北分裂时往往蓄水防御北兵。唐代贞元八年（792 年）曾排干开田 5000 顷。南宋又筑成三海八柜蓄水，以抗金兵。元初廉希宪又排干，开田数百万亩。长江下游、太湖流域和浙东地区在垦湖为田时都有排水措施。南北朝时太湖流域已提出排水问题，唐宋至近代开河浚浦仍是主要工程，大小不下数千次。闽粤等省历代也有不少排水工程。

古代城市排水也有较高水平。战国阳城（今河南省登封东南 20 千米）和秦国都城咸阳（今咸阳东 20 千米）已有较完善的地下排水系统。唐代长安城有按街区布置的排水明渠系统。北宋东京（开封），地势平坦，众水所汇，城内修建了一套完整的排水系统，与郊区系统相接，达到了"雨涝暴集，无所壅遏"的程度。明代北京城的砖砌下水道系统达到了更高的水平。

3.7　古代水工建筑物

3.7.1　中国古代堰坝

中国古代堰坝是古代蓄水工程和引水工程中的壅水建筑物。

中国古代的堰坝建设始于大约 5000 年前，当时农业已成为社会的经济基础。为生产和生活的方便，人们集体居住在河流和湖泊岸边的阶地上。但河湖的泛溢又给人们带来灾难，于是，在"自然堤"的启示下开始修筑防洪堤埂，以保护自己。这些原始工程的不断发展完善，逐渐形成了不同标准的河堤和护村堤埝。共工的"壅防百川，堕高埋痹"和"鲧作城"的传说记载反映了这段历史。随着生产的发展，工程的挡水功能被用来蓄水灌溉农田，所以，早期的堤与坝是难以分开的。

上述治水活动多数在河流下游平原地带。这些早期蓄水工程以堤坝提高低洼地带的蓄水能力，形成平原水库。当时的堤坝很长，有的呈直线，有的呈曲线，有的是马蹄形，甚至有的是圈堤，而它的高和宽尺寸都较小。随着人口的增加和生产的发展，这样的水库逐渐被垦殖挤占，数目越来越少。现在保留着的安徽省寿县的安丰塘，古称芍陂，一般认为建于春秋时的楚庄王十六年至二十三年（公元前 598～前 591 年）间，是有文字记载的最早的蓄水工程。据《水经注》记载，在今淮河中下游和长江支流的唐白河流域，曾有大片平原水库。

平原水库淹没大，工程量也大。利用天然山丘间的沟谷洼地蓄水，可以减少工程量和淹没损失，这时坝的高度和宽度仍较小。汉代建筑的今河南省泌阳县的马仁陂、江苏省仪征县的陈公塘和唐代扩建的浙江省鄞县的东钱湖等都属这类，有些工程使用时间延续了 2000 年。

历史上建造数量最多的坝还是引水工程中的坝，在《水经注》中记载了多处这样的坝，也称堰、埭碣、碣等。文献中记载最早的有坝取水中的工程是智伯渠，建于公元前453 年。接着，引漳十二渠的梯级堰坝、灵渠上的拦湘大坝和戾陵堰相继出现，广泛地用于农田水利，城市供水和航运水源等方面，保存到现在的也很多。

南北朝时在淮河干流上建造浮山堰，明代在其下游开始修筑高家堰，后者是古代最大的堰坝，形成了蓄水 130 亿立方米的洪泽湖，是我国五大淡水湖之一。

古代堰坝的类型根据筑坝材料可分为土坝、木坝、草土坝、灰坝、木笼填石坝等 5

种；根据筑坝方式可分为支墩坝、砌石坝、砌土夯土混合坝、堆石坝等4种。

1. 土坝

土坝由人工夯土筑成。早期堰坝以此类型为多，例如芍陂、鸿隙陂等坝。遗存至今的河南省邓县的六门堰和江苏省泗洪县的浮山堰的残留部分还可以看到当时的坝体状况。古代对土坝的建造有严格的质量要求，1000多年前就采用锥探的办法检查筑坝质量，指出筑坝基础应把浮沙挖尽，到原生土为止；弃沙到筑坝范围之外；施工管理人员应三班值班；用大铁锥的贯入探测筑土的密实程度是否合格。明代则用挖孔灌水来检验，以不渗漏为准。

2. 木坝

《水经注》记载，东汉建安九年（204年），在淇水入黄河口处（今河南省淇县南），下大木成堰，截断淇水，壅其入白沟以通船。此坝型在历史上应用不多。

3. 草土坝

草土坝是一种临时挡水坝，由草、土和绳索筑成。北宋时有草屯浮堰，通航河浅时用以提高水位、增加水深，行船时人工决堰，船过后再堵塞。清代，淮河洪水以里运河为泄流通道，排水入江。在运河入江前，分成多道排洪河道，各河道上分别建十道拦河坝，称"归江十坝"，平时用以蓄水。这些坝在后期也都采用草土坝，洪水宣泄时，自动冲溃，洪水过后重新修筑。由于这种坝型造价低廉，容易制作和溃决，所以在临时挡水工程中常用。

4. 灰坝

灰坝用三合土和卵石夯筑作骨架，以三合土作可溢流的坝面的过水坝。三合土是以石灰、糯米汁、黏土和砂等配制夯实而成。此坝型多用于坝与堤的溢流段，使用较广泛。

5. 木笼填石坝

汉代就出现了木笼装石筑成的水工建筑物。三国时，北京石景山旁湿水（今永定河）上修建的戾陵堰是记述清楚的早期木笼填石拦河坝。古代关中地区常用一种叫石囷的筑坝构件，是用竹、木条等梢料编成的圆形大筐，内装石块，一般直径在3米以下，高3米左右。浙江沿海用来建造海塘的同样构件叫石囤。此外，在南方的坝工中还经常采用竹笼填石结构。这些都是古代木笼填石坝的基本构件。

6. 支墩坝

浙江省鄞县它山堰始建时以木为支架，以石板为挡水面板，因原坝已不存在，文字记载较简单，现已无法考查此种坝型的详细情况。

7. 砌石坝

除土坝外，这是古代最常用的坝型，保留至今的古代堰坝大多为此类。广西壮族自治区兴安县的灵渠天平坝、福建省莆田县的木兰陂、南安破、山东省东平县的戴村坝等，至今仍在使用。

8. 砌石夯土混合坝

它是临水面用条石砌筑，背水面夯筑土体的挡水坝，在古代也得到广泛利用。在条石砌体和夯土中间还常用砖、石灰糯米汁的结构物，以减轻作用在砌石体上承受的侧土压力，例如高家堰（洪泽湖大堤）。也有的临水面和背水面都有砌石面与糯米汁三合土夯筑的黄土夹在中间，坝顶溢流面也为糯米汁三合土作成，成为溢流坝，例如在陕西省襄城的山河堰上的一座溢流坝。

9. 堆石坝

福建省莆田县的太平陂是利用萩芦溪两岸山崖陡壁和河中礁石的地形作成的堆石坝，至今仍在使用。浙江省平阳县曾建造了一座沙塘坝，用木板夹黏土作心墙，两侧堆石，成为一座黏土心墙坝。

3.7.2　中国古代闸涵

古代水闸，也称水门、斗门、陡门、牐或碶，是建在河床或河湖岸边用闸门控制水位、取水或泄水的建筑物。古代涵洞也称水函、水窦，是埋在填土（主要是堤防或堤岸）下面的过水建筑物。

4000 多年前，在中国就有了治水活动，对有控制的引水和排水需要愈益迫切，水闸的出现是必然的。西汉元帝时（公元前 48～前 33 年），召信臣组织大修南阳水利，"起水门提阏凡数十处"，说明在这时已能够大量修筑和使用水闸。稍后，贾让在阐述治河三策时也谈到"可从淇口以东为石堤，多张水门"，在黄河下游"旱则开东方下水门溉冀州，水则开西方高水门分河流"。当时已能大量建造引水或泄洪的水闸。东汉王景治理黄河时，"商度地势，凿山阜，破砥碛，直截沟涧，防遏冲要，疏决壅积，十里立一水门，令更相洄注，无复溃漏之患"，把建水闸作为一项重要的工程措施，这时的水闸建造数量多，且使用控制灵活，是治黄成功的一个保证。三国魏时，在今北京郊区造戾陵堰，灌溉农田，其引水口建引水闸一座，门宽 4 丈，立水 9 尺，使用效果良好。在北魏成书的《水经注》中，更大量地记载了河湖和不少水利工程中的水闸，反映出当时水闸的使用不仅在数量上而且在类型上都有很大发展。唐宋时，水闸使用更为普遍，用在水利工程的多方面，据《宋史·河渠志》记载，在淮扬运河（邗沟）和江南运河上曾建各种闸 79 座，包括进水闸、排水闸和通航闸。元明清时，水闸被更广泛地应用在水利工程的各种功用上，包括在黄河上的引水和泄水。

古代涵洞的使用也很广泛。春秋战国时，许多城市城墙下都设有入水和出水的涵洞，并有埋在地下的陶制下水管道。唐代白居易治理西湖时，就用埋在地下的竹管向杭州城内供水，后来又发展为瓦管和石砌方涵。此后，在河湖堤防上也常构筑石砌或木制涵洞，用以引水灌溉。

据贾让治河三策描述，其前在荥阳运河上的水门是用木与土造成的。自汉代开始有用石砌筑水门的，此后一直是木、石、土皆用。宋代以后一般水闸都用石砌，一直保存到现代。早期水闸的闸门未见记载，唐宋以后，大部分闸门用木制叠梁，也有个别整体提升式。明清时，高家堰和淮扬运河东堤上曾建造了多座溢洪石坝，为平时蓄水，石坝顶常加封土，用以抬高水位，汛期为加大泄量将封土冲除，这种封土相当于土制的闸门，开闭笨重，但在开闭不频繁的地方还可用。灵渠上的闸门则是竹杠和竹编构成。

古代涵洞的结构可以分为竹木、陶制和石砌 3 种。

古代水闸用途广泛，主要可分为如下 7 类。

（1）引水闸，即进水闸，广泛地用在灌溉、通航、供水等渠道的首部，在各类水闸中为数最多，著名的例如南阳六门堰工程的六水门，广西灵渠上的南陡和北陡，北京戾陵堰的引水水门等。

（2）节制闸。历史上横断河床节制水流的闸为数不多，浙江绍兴的三江闸则是一座大型的节制闸，它有 28 孔，总长 108 米，在河网中蓄水达 2 亿立方米。

（3）泄水闸。排泄多余的水而设的水闸，在历史上也常有出现。宁夏各渠引水闸之前，有滚水坝和泄水闸，以便把引水闸前引入的多余水量重新泄入黄河，以保证入闸流量不超过渠道的过流能力。

（4）分洪闸。分泄河流或湖泊洪水的水闸在中国古代数量较多。贾让治河三策中所述向西分洪有多座水门。宋代汴渠为保证都城东京（开封）的防洪安全在其上游设若干斗门，向岸边洼地分泄洪水。

（5）挡潮闸。为阻挡潮水不沿河流上溯为害的水闸多建在浙江与福建，通常也是节制闸，例如三江闸。挡潮闸的另一重要作用就是挡潮，称为御咸蓄淡工程。

（6）冲沙闸。为冲除泥沙所设的闸，中国历史上也多有建造。福建木兰陂，元代曾建冲沙闸一座，底板比并排的泄水闸门底板略低，一直保留到现在。它山堰有回沙闸一座，共 3 孔，用以减少入引水渠的沙量，是一种特殊的控制泥沙的闸。

（7）通航闸。古代通航闸的结构与一般水闸相同，两三座成组共同调度使用的相当于现代船闸，也有的通航闸兼有引水、引潮的作用。

3.7.3 水库

水库是河道、山谷、低洼地及地下透水层修建挡水坝或堤堰、隔水墙，形成蓄水集水体的人工湖。水库用于拦蓄洪水、调节径流、调整坡降、集中落差、拦截地下水，以满足防洪、发电、灌溉、航运、供水、养殖、环境保护、旅游等的需要。

作为水库雏形的蓄水工程在中国出现很早：2500 年前在安徽寿县修建了大型平原水库——芍陂；2000 年前在河南正阳一带修建了规模更大的鸿隙陂；秦汉时期在汉水流域的丘陵地区还修建了长藤结瓜式的水库群，陂渠串联，层层调节；东汉时期在江南出现了鉴湖、练湖等水库。水库不仅能灌溉、防洪，而且发展到接济运河用水。古代水库工程均具备挡水建筑、溢洪建筑、取水建筑等几个基本部分。"水库"二字最早见于明末徐光启所著的《农政全书》，原指经过人工修筑，下不渗漏，上不甚蒸发的积水池，主要用于供人畜用水及灌溉，与现在的水库功能不完全相同，由于技术的发展和社会的进步，现代水库的规模（坝高、蓄水容积）愈来愈大，类型（河谷、平原、地下）愈来愈多，并向多种用途（除害、兴利、环境保护）发展。

水库是水利建设中最主要、最常见的工程措施之一。按其所在位置和形成条件，通常分为山谷水库、平原水库和地下水库 3 类。

（1）山谷水库。多是用拦河坝横断河谷，拦截河床径流，抬高水位形成的。在高原和山区修建引水、提水工程，将河水或泉水引入山谷、洼地形成的水库，也是山谷水库的一种类型。山谷水库是水库中最主要的类型，早期修建的山谷水库多为单一用途的小型水库，20 世纪以来修建的水库多为两种或两种以上用途的综合利用水库，有些规模巨大。例如世界上已建的水库中，库容在 1000 亿立方米以上的有 6 座，其中有赞比亚及津巴布韦的卡里巴、俄罗斯的布拉茨克和埃及的阿斯旺高坝水库，其库容分别达 1840 亿立方米、1693 亿立方米和 1698 亿立方米。中国在 20 世纪 50 年代以前修建的水库不多，绝大部分规模很小。此后在一些主要河流上修建了一大批大型（库容 1 亿立方米以上）、中型（库容 0.1 亿～1 亿立方米）、小型（库容 0.001 亿～0.1 亿立方米）水库，至 1997 年已建水库（含平原水库）共有 8 万余座（其中大型水库 397 座），总库容共计 4583 亿立方米（其中大型水库总库容 3267 亿立方米）；库容达 100 亿立方米以上的有 8 座。已建成的三峡水利枢纽水库举世瞩目，总库容达 340 亿立方米，是中国最大的水库。

山谷水库的规模和各时期的运用水位及调度方式，要根据水库的水文、地形、地质等特性和用水部门的要求，通过技术经济分析计算确定。这类水库靠抬高水位取得库容，除要考虑额外水量损失外，还要十分重视水库形成后引起的库区淹没、泥沙冲淤和生态环境等方面的问题。

（2）平原水库。在平原地区利用天然湖泊、洼淀、河道，通过修筑围堤和控制闸等建筑物形成的蓄水库。平原水库水面一般较大，丰、枯水位的变幅较小，主要用于灌溉、供水、调节控制洪水的地表径流。在河渠交错地区，利用一系列节制闸形成的河网式水库，也属这一类型。修建平原水库，常使周边地区地下水位升高，造成渍化，或引起土壤盐碱化，须采取适当的截水防渗措施。

（3）地下水库。由地下贮水层中的孔隙、裂隙和天然的溶洞或通过修建地下截水墙拦截地下水形成的水库。地下水库不仅用以调蓄地下水，还可采用一定的工程措施，例如坑、塘、沟、井，把当地降雨径流和河道来水加以回灌蓄存。这类水库具有不占土地、蒸发损失小等优点，可与地面水库联合运用，形成完整的供水体系。在有适宜的地下贮水地质构造，并有补给来源的条件下，才能修建地下水库。

第4章 水利建筑史

4.1 防 洪 史

4.1.1 大禹治水

关于大禹治水的传说，我国古代史籍留下了许多珍贵的记录。传说在洪水威胁面前，当时有关部落的首领曾聚集在一起，召开了一次部落联盟议事会议。会议最初决定由禹的父亲鲧负责主持这一艰巨工作，鲧在接受任务之后，就率领群众努力工作，他治水所采用的办法，据说仍然沿用共工氏筑土围子的传统。在先秦的记载中有"鲧障洪水"❶，"鲧作城"❷，都是用堤埂把主要居住区和临近的田地保护起来的意思。这种堤埂把居住区围护起来，类似后来北方农村的"护庄堤"，也就是城的雏形。不过，那时我国原始社会经济逐渐有所发展，黄河两岸出现了更多的居民点和农业区，洪水来了，再沿用局部"障洪水"的老办法自然难以普遍保障居民的安全和生产，鲧墨守陈规，不求改进，当然很难成功。但鲧的敢于斗争的精神，长久以来被人民所追念，传说夏代人们把鲧看作是他们的光荣的先祖，每年都要举行祭祀，大概就是这个缘故，部落会议又推举鲧的儿子禹继续主持治水工作。据说禹是一个勤劳勇敢、聪明智慧的人，他吸取了父亲失败的教训，虚心向有经验的人请教，努力探索新的治水方法。他还找到伯益、后稷以及共工氏的后代四岳等部落首领做助手，决心制服洪水，为民除害。他们组织广大群众一齐动手，禹作为一个部落首领也"身执末臿，以为民先"❸。工作艰苦而繁忙，据说禹忙的没有功夫梳洗，腿上的汗毛被磨光了，皮肤也被太阳晒得黑黑的。由于人民群策群力，艰苦奋斗，经过了十多年的时间，终于制服了汹涌的洪水。洪水退去之后，人们于是"降丘宅土"❹，将人民从丘陵高地搬到肥沃的平原上来居住和生产了。后世的人们热情歌颂这次治洪的胜利，他们唱到："洪水芒芒，禹敷下土方。"❺ 称颂"禹有功，抑下鸿，辟除民害"❻。

黄河在孟津以上，夹于山谷之间，数千年来没有大的变化。孟津以下，汇合洛水等支流，改向东北流，经过今河南省北部，再向北流入今河北省，汇合漳水，一齐向北，流入今邢台、巨鹿以北的古大陆泽中。再往下黄河主流分为几支，即"播为九河"。所谓"播为九河"，大约是黄河下游支流散漫状况的描述，各分支顺着地势，向东北方向

---

❶ 《国语·鲁语上》。

❷ 《吕氏春秋·君守》。

❸ 《韩非子·五蠹》。

❹ 《尚书·禹贡》。关于《禹贡》著作的年代，今人已有基本一致的看法，成书约在战国中期，是一本托名圣王，总结战国时地理知识的著作。显然，《禹贡》作者当时也只能依据传说，指出一两千年前大禹治河经行的大略。

❺ 《诗·商颂·长发》。

❻ 《荀子·成相》。

入海。入海之处因有潮汐迎送，甚至倒流，所以形容为逆河。黄河入海处"播为九河"，而在大陆泽以上黄河主流独行，主要是自然形势如此。如果说是经过治理的话，那时各地开发的程度不同，现代的河南北部和河北南部在禹时已经比较重要。传说著名的颛顼帝的帝都，就在今天的濮阳，自然不宜让黄河在这一带散漫横流。河北的东部当时很少有人居住。因而，任黄河尾闾"分播为九"，畅流入海也是可能的，如图4.1所示。

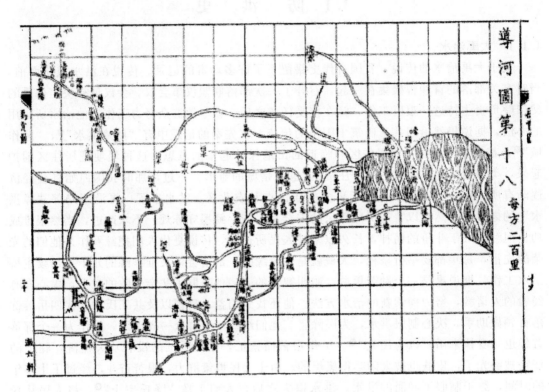

图 4.1 《禹贡》禹河经行略图

4.1.2 两汉时期黄河的灾害及治理

两汉时期，黄河下游已有了石堤，同时存在着堤防曲折、宽狭不均及堤内有堤等不合理现象。瓠子堵口及东郡金堤堵口所使用的立堵、平堵等堵口塞决技术都已普遍采用。东汉王景治河，统一规划，统一施工，完成了黄河下游的堤防建设，成效显著，是堤防防洪的成功实例。汉水的局部堤防也始于汉代。

分疏是两汉采用的另一种防洪手段。在黄河上，除浪荡渠、汴渠、济水等渠系有控制的分流外，下游还有漯水，更下游常是两支分流或多支分流。例如瓠子决口泛滥了23年，向南入泗水、淮水。瓠子堵口后，又分为屯氏河，两支并行70年。屯氏河断，下游又为鸣犊河，仍是两河分流。鸣犊河不甚通畅。后有几次大决，10余年后在最下游数郡决口，分流不堵。西汉末，黄河、汴渠混流。王莽始建国三年（公元11年）决魏郡（今河南省南部），都是大片漫流。直至王景治河成功（公元70年），黄河下游才形成固定河道。自西汉建始四年（公元前29年）至东汉永平十三年（公元70年），几乎漫流了100年，引河水入汴入济，亦属分流。

先秦黄河改道，见于记载的有一次。河行新道往往可以安定若干年。人工改道也可以作为防洪手段。汉武帝时齐人延年建议大改道，自今内蒙古东流。东汉王景是因其自改，加以人工疏、浚、防堵，形成黄河新道。局部截弯取直，西汉地节年间（公元前69～前66年），曾在贝丘（今临清县南）上游裁弯3处。

除防堵、分疏、改道等手段外，王景治河还曾大力开浚。西汉人贾让提出大规模调蓄洪水为上策，稍后又提出开辟滞洪区，都是以调蓄为防治手段。还有人提出复禹故道，是改道说的一种。下游分开数支，相当于"禹疏九河"，是分疏说的一种。

防洪随时防水，但黄河决溢成灾，多时由于含沙量太大，淤积太多。西汉末张戎建议春夏集中水流冲沙淤沙，由治水进一步发展到治沙。

两汉时期，对黄河堤防颇为重视。西汉时设有"河堤都尉"、"河堤谒者"等官职，沿河各郡专职防守河堤的人员，一般约为数千人，多时则在万人以上。每年都要用很大一部分经费从事筑堤治河，"濒河十郡，治堤岁费且万万"[1]，由此可见，筑堤已成为那时治河的主要工程措施了。

1. 堵口工

西汉著名堵口工有瓠子堵口和王延世堵口。瓠子堵口所采用的技术，《史记·河渠书》的记载比较简略，仅指出"下淇园之竹以为楗"，"颓林竹兮楗石菑"。楗是插门用的竖木柱，这里可能是指堵口用的竖木桩。菑的意思是车轮辐条插入轮匡的意思，大约是指木桩深入河底。对"楗石菑"的堵口技术如何理解呢？三国时如淳有一个比较合理的解释，他说："树竹塞水决之口，稍稍布插，接树之。水稍弱，补令密，谓之楗。以草塞其里，乃以土填之，有石以石为之。"[2] 大约是以竹为桩，插在决口处，并逐渐加密，然后在竹桩中间填塞柴草，最后以土石填堵，完成堵口断流的任务。

王延世堵口技术的记载比较明确，"以竹落长四丈，大九围，盛以小石，两船夹载而下之。三十六日，河堤成"[3]。王延世是四川"犍为资中人"[4]，资中即今四川资阳县，由于该地靠近都江堰，都江堰当时早已使用竹笼，他对竹笼技术自然比较熟悉。所以这次堵口，可能是他将长江上的灌溉工程施工经验灵活地运用到黄河防洪上来。如果这样，应该说是一种创新[5]。堵口迅速完成是和采用新的堵口方法分不开的。

战国时已有的茨防堵口技术，西汉仍在广泛应用。贾让中策中提到，黄河下游沿岸十郡，"伐买薪石之费，岁数千万"[6]。所准备的柴草、石料，除加固堤防和建筑物外，主要消耗在抢险和堵口上。抢险备料每年都要进行，而且花费几千万之多，可见当时对黄河防汛的重视。

除了堵口技术的进步外，在堵口时间上，当时已归纳出要使堵口施工在枯水季节低水

[1] 《汉书·沟洫志》。
[2] 《史记·河渠书·如淳注》。
[3] 《汉书·沟洫志》。
[4] 《华阳国志》卷十。
[5] 《元和郡县志·成都府》。
[6] 《汉书·沟洫志》。

位情况下完成的经验。据记载，河平三年（公元前 26 年）堵口时曾明确提出："如使不及今冬成，来春桃花水盛，必羡溢。有填淤反壤之害"❶，认识到黄河随季节气候变化而水文特点不同，并将这种不同的水文特点和水利施工联系起来，这也是西汉河工技术的一个进步。

2. 挑流建筑物

战国时已有叫作"据"的河工建筑物，用以抵抗水流对堤防的冲激，"据"大约是原始的挑流工。汉代堤防上对挑流工的应用已较普遍，例如"激使东抵东郡平刚"，"又为石堤激使东北"。唐代颜师古注解"激"字说："激者，聚石于堤旁冲要之处，所以激去其水也。"❷ 可见有"激"的作用的石堤，已不是普通的堤防，而是保护险工段的有挑流作用的河工建筑物。不过当时对这种石砌挑流工的运用并不尽合理，以致"百余里间，河再西三东，迫阨如此，不得安息"❸。造成许多新的险工，增加了防洪的困难。当时在黄河上还有竹笼装石的护岸工，竹笼之上再加盖土料。不过，这种竹笼工并不牢固，在水流淘刷下易于崩坍和损毁。"往大河冲塞，侵啮金堤，以竹笼石，葺土而为竭，坏隤无已，功消亿万"❹。阳嘉三年（134 年）改竹笼工为石堤，大大提高了工程的坚固性。

除了用于黄河保护险工段之外，汴口水门处也有类似作用的挑流工。

永初七年（113 年）为保护汴口安全，解除黄河大溜顶冲水门的危险，"于岑于石门东积石八所，皆如小山，以捍冲波。谓之八激堤"❺。八激堤大约是连续设置的八座挑流工。

3. 裁弯取直

西汉宣帝时，濮阳至临清间黄河形成三道大弯，主流直冲当时的贝丘县，堤防难以支持。当时郭昌曾对这段河道进行改造。"乃各更穿渠，直东，经东郡界中，不令北曲。渠通利"❻。"各更穿渠，直东"，显然是裁弯工程。在黄河上裁弯，非一般工程可比，不仅工程量大，而且技术复杂。不过当时裁弯还缺乏实践经验和理论认识。所以裁弯后仅三年，黄河主流在原来的第二道弯处，又重新坐弯。40 年后，"其曲势复邪直贝丘"❼，所裁弯道又恢复，取直工程失效。即使工程失败，郭昌的裁弯努力仍不失为一次重要的工程实践。

4. 水工测量

水准测量，至少在春秋时已经出现，西汉时期则有徐伯所主持的数百里长的航运渠道的成功测量实践。此外，从齐人延年"可案图书，观地形，令水工准高下，开大河上领，出之胡中"❽ 的建议中还可以看出来，当时已经有了专门从事水工测量的技术队伍，而且

❶ 《汉书·沟洫志》。
❷ 《汉书·沟洫志·注》。
❸ 《汉书·沟洫志》。
❹ 《水经·济水注》。
❺ 《水经·河水注》。
❻ 《汉书·沟洫志》。
❼ 《汉书·沟洫志》。
❽ 《汉书·沟洫志》。

似已具备进行大面积，甚至跨流域的水准测量能力。

4.1.3 隋至北宋时期黄河治理

隋唐五代时重建黄河下游系统堤防，长江、汉水下游堤防增多，防堤是防洪的主要手段。五代时，黄河下游出现了遥堤，有了系统的双重堤防。遥堤可以拦洪水；近水的缕堤，可以保护滩地居民。分疏仅有通济渠（汴渠）一条，渠首有控制。唐代最下游曾开一段分水河道；又曾于滑州（今滑县东）改过一段河；最下游也改过一段。五代时下游有决口未堵的分流。

北宋时期的河患日益严重，对沿河广大农业地区威胁很大，不仅给两岸劳动人民带来深重的灾难，而且对汴河的航运和京师的安全也造成重大影响，对北边的军事斗争亦有重大关系。因此，北宋朝廷曾倾注很大的人力物力从事河防活动，历届大臣和沿河地方官吏，几乎都或多或少地参与了治河方策的争论或直接参加治河的实践活动。

但是，以往所积累起来的治河经验，以及当时的生产力发展、科学技术水平，都还不足以对付黄河酿成的大灾难，加上当时军事斗争和政治派系斗争对治河活动的影响，使宋代人在探索有效的治河方针和措施的活动中，走了一段相当曲折的道路，广大劳动人民为此付出了沉重的代价。这一时期所积累的治河经验和失败的教训，对元、明、清各代以至近代的治河活动都有一定的影响。

1. 筑堤堵口

北宋初，在大兴工役对汴京四渠进行整治的同时，亦加紧对黄河河堤进行修缮。宋太祖乾德元年（963 年）正月，即"发近甸丁夫数万修筑河堤，（命）左神武统军陈承昭护其役"❶。乾德四年七月，河决澶州灵河大堤之后，即"诏殿前都指挥使韩重赟，马步军都军头王廷义等督士卒丁夫数万人治之"，到同年十月，把决堤全部修完，使水复故道。此后，朝廷对黄河决溢都能组织一定的措施进行抢险堵口。

鉴于黄河河堤连年溃决，朝廷于乾德五年（967 年）正月，又派遣大批官员对黄河下游逐处查看，并发京畿附近丁夫进行了一次大修活动。从这一年开始，建立了河堤岁修制度："皆以正月首事，季春而毕"。❷ 自后，岁役河防丁夫年年增加，到元祐七年（1092年），"都水监乞河防每年额定夫一十五万人，沟河夫在外"，朝廷准议从元祐八年春始，每年春夫以 10 万为额，"于八百里外科差"❸，这还仅仅是直接上堤参加修堤活动的役夫数字。除此以外，河堤各埽每年所备春料动用夫役和所费资材尤为庞大。例如《宋史·河渠志》所载："旧制，岁虞河决。有司常以孟秋预调塞治之物，梢芟、薪柴、楗橛、竹石、茭索、竹索凡千余万，谓之'春料'，诏下濒河诸州所产之地，仍遣使会河渠官吏，乘农隙率丁夫水工，收采备用。"这样巨大的防河物料，单就砍伐和运输所消耗的人力就相当惊人。元丰元年（1078 年），因堵塞曹村埽决口，动用沿河各埽储备物料，诸埽无复储备，都水监奏请拨款 20 万缗来购买梢草重新备料，朝廷只批准所请款项目的一半，拨给

---

❶ 《长编》卷四。
❷ 《宋史·河渠志》卷九一。
❸ 《长编》卷四七六。

10 万缗。据宋人王得臣记载，绍圣年间（1094～1098 年），朝廷所支出数目："禁中合同司泊在京百官宗室渚军并杂支钱，以缗计之，月率四十余万。"[1] 可见，仅一次河防备料，便占宫廷全部月支钱的 1/4。当时河防开支的数字实在不少。

除了每年例制发春夫修堤之外，一些较大的堵口施工往往动员数州丁壮，支数 10 万钱，从事大役。例如太宗太平兴国八年（983 年），河决韩村，调数路丁夫塞堤，几月未成；第二年春，又"发卒五万，以侍卫步军都指挥使田重进领其役"[2]。禧三年（1019 年）六月，河决滑州天台埽，"即遣使赋诸州薪石、楗橛、芟竹之数千六百万，发兵夫九万人治之"[3]。仁宗天圣五年（1027 年），"发丁夫三万八千，卒二万一千，缗钱五十万，塞决河"[4]。像这样兴数万人至数十万人堵塞决河的工役，在整个北宋时期，为数不少。

神宗元丰元年（1078 年）春，"诏发民夫五十万，役兵二十万，云欲凿故道以导河北行；不行，则决河北岸王莽河口，任其所至，恐其浸溢，南及京城故也"[5]。这里所记动员 70 万军民兴大役，可能是堵塞熙宁十年（1077 年）曹村大决南流入淮的工役。元祐三年（1088 年）十一月，曾肇奏称："今岁开减水河，用工不多，已费四十余万贯"[6]。十二月，范百禄，赵君锡奏称："河北转运司公文已奏乞于诸路计置修河司约用闭口物料及旧河诸埽并马头上下，约通计人工一千四百七十九万九千六百七十工半，物料计五千八百八十四万八千八十二条束块。"[7] 元祐四年（1089 年）二月，李常、范百禄等奏回河已耗费"计五百三十万工，约支费过钱粮三十九万二千九百余贯石匹两，买物料钱七十五万三百余贯"[8]，同年十二月，枢密院又奏，令修河司"回河差夫八万、和雇二万充引水正河工役，外北外都水丞司检计到大河北流人夫二十万四千三百一十八人，故道人夫七万四千四百五十六人"[9]，总计 37 万多人。这个数字后经朝廷复议，虽略有减少，但仍庞大得惊人，何况这只是当时整个回河工役的一部分而已。所以，当时范纯仁、苏辙等大臣连连惊呼大河"逐年防守之费所加数倍，则财用之耗蠹与生民之劳扰无有已时"[10]，"由此民间见钱几至一空，差人般运累岁不绝……百姓如遭兵火"[11]，致使人民疲惫，国库空虚。到元祐五年（1090 年），以高太后为首的旧党政权，不得不动用神宗元丰年（1028 年）间新党执政时积蓄起来的国库封椿钱 20 万充雇夫之用[12]。

当然，这样沉重的河役负担，全部都是压在当时劳动人民身上。广大劳动人民除了承受沉重的河防捐税和饱受水灾之苦以外，直接死于河役的也难于数计。仅元祐三年（1088

---

❶ 《知不足斋丛书》：《麈史》卷上·国用。

❷ 《宋史·河渠志》卷九一。

❸ 《宋史·河渠志》卷九一。

❹ 《长编》卷一〇五。

❺ 《涑水记闻》卷一五。

❻ 《长编》卷四一七。

❼ 《长编》卷四二〇。

❽ 《长编》卷四二二。

❾ 《长编》卷四三六。

❿ 《长编》卷四三八。

⓫ 《长编》卷四四四。

⓬ 《长编》卷四三九。

年），死于河役现场的丁夫便有 1300 余人，因忍受不了劳役之苦而逃亡的修河兵士就有 3600 多人❶。

2. 堤防技术

北宋河堤的种类不少，仅据《宋史》的记载就有正堤、遥堤、缕堤、月堤、横堤、直堤、签堤等。这些堤名，大抵均按堤的作用而定名。

大河两岸的正堤，一般只称为堤，遥堤则为正堤以外的最外一重堤，主要作用是在大河汛期，将河水限定于遥堤以内的地方行流，尽量把泛溢的地方控制在一定范围内。据水官李立之于元丰四年（1081 年）奏称："北京、南乐、馆陶、宗城、魏县，找口、永济、延安镇，瀛州景城镇，在大河两堤之间，乞相度迁于堤外"。❷ 这显然是指遥堤之内外，于此可见遥堤之间有多宽阔。缕堤则是介于正堤和遥堤间的第二重堤，缕堤有"预备堤"的作用，若正堤决溢救治不及，则加强缕堤临时抵挡水势。如熙宁七年（1074 年），都水监丞刘璯奏："蒲泊已东，下至四界首，退出之田，略无固护，设遇漫水出岸，牵回河头，将复成水患。宜候霜降水落，闭清水镇河，筑缕河堤一道以遏涨水。"❸

月堤的作用大抵与缕堤相当，惟月堤只保护某一堤防单薄之处或险工段，比缕堤规模要小，因修筑成月形，故名。

签堤、直堤、横堤的定名原因和作用未见确切记载，但宋代史籍往往提及。一种可能性是因河而名，因宋代有签河、直河等名称，例如元祐元年（1086 年）张问"请于南乐、大名埽地分开直河并签河，分引水势，以解北京向下水患"❹。元祐五年（1090 年），苏辙奏："今岁八月涨水，东流几与北京签横堤平。"❺ 北京既有签直河，又有签横堤，二者可能有联系。另一种可能性是护城堤外的另一重相隔缕堤（成垂直）的堤防，起保护城镇的作用，例如元丰七年（1084 年），"元城埽河抹岸，决横堤破城。见闭子城固护仓库等"❻。可见横堤有在城外捍护城镇的作用。

黄河堤防数千里，河堤质量情况比较复杂，不像汴渠堤防那样，处处施工质量要求都相当严格。但是，一些重要城邑附近和主要险段则比较注意堤防质量，有些地方甚至建成石堤。例如大中祥符三年（1010 年），"京西提点刑狱官知河阳高绅修黄河岸，以弃石累之，计省工钜万而又坚固，赐诏奖绅。"❼ 关于修砌石岸的施工方法，《河防通议》有较详细的记载："凡修砌石岸，先开挖槛子嵌坑，若用阔二尺，深二丈，开与地平，顺河先铺线道板一片，次立签椿八条，各长二丈，内打钉五尺入地"，然后"先用整石修砌，修及一丈，后用荒石再砌一丈"❽。可以看得出，施工程序比较周密，特别是对石堤基础要求较为严格。

---

❶ 《长编》卷四二二。
❷ 《宋史·河渠志》卷九二。
❸ 《宋史·河渠志》卷九二。
❹ 《长编》卷三九一。
❺ 《长编》卷四四八。
❻ 《长编》卷三四七。
❼ 《长编》卷一七三。
❽ 《长编》卷三零三。

有的土质河堤由于长年累月不断维修，规模相当庞大和坚固。例如元丰三年（公元1080年），"京东路转运司言郓州筑遥堤长二十里，下阔六十尺，高一丈"❶。若以顶宽一丈算，则边坡比达 1：2.5，可见堤身断面尺寸是比较科学的。

黄河两岸一些较固定的堤段，像汴堤一样，年年发动附近居民种植榆柳，这是加固堤防的有效办法。

3. 护岸技术

北宋黄河护岸技术比前代有较大的发展，主要护岸方法有以下几种。

（1）束埽护岸，这是最基本的方法。北宋每年役夫备埽料的任务很大，这些埽料一部分储备堵口应急，一部分用作修理，一部分用作护岸，以束埽"积置于卑薄之处，谓之上'埽岸'"。埽岸的施工方法是："既下，以橛桌阁之，复以长木贯之，其竹索皆埋巨木于岸以维之"❷。

（2）埽岸是一种既简单而有效的方法，一直沿用至今。埽岸的缺点是不能经久。为此，北宋人又采用木笼护岸和石版护岸的方法来防止河水冲刷堤岸。陈尧佐于天禧五年（1021年）知滑州时，曾采用木笼护岸，"以西北水坏，城无外御，筑大堤，又叠埽于城北，护州中居民，复就凿横木，下垂木数条，置水旁以护岸，谓之'木龙'"❸。"天禧中，河决，起知滑州，造木龙以杀水怒，又筑长堤，人呼之'陈公堤'"❹。李若谷知延州时用石版护岸方法作本州附近河堤护岸："州有东西两城夹河，秋夏水溢，岸辄圮，役费不可胜纪。若谷乃制石版为岸，押以巨木，后虽暴水，不复坏"❺。

（3）锯牙护岸也是北宋经常采用的办法。"又有马头、锯牙、木岸者，以蹙水势护堤焉"❻。大抵马头、锯牙相当于刺水堤，在河堤内坡修筑一系列短土堤、石堤或木堤例如锯牙状，以挑开暴流，防止啮蚀堤岸。

4. 埽工技术

埽工技术是北宋河防最主要的技术之一。宋人不仅用埽堵口，且用埽筑堤，用埽护岸。是故宋代堤段大多以"埽"命名。《宋史·河渠志》记载缘河诸州共 44 埽，《五行志》记为 59 埽，其实远远不止。例如熙宁九年（1076年），熊本奏称："臣勘会沿河共管八十四埽。"❼《河防通议》沈立更说："我国家奄有天下，自龙门至于渤海为埽岸以拒水者凡且百数。"以上所列数目的差异，亦可能是所指的河段不同。

由于埽的重要作用，埽工技术也臻于完善，据《河防通议》记载，埽工制作，一般先在宽平的场地内密布绳索，在绳索上铺一层榆木柳条之类的埽料，再在埽料上铺土，杂以碎石，并用粗长的竹索横贯其中，卷而束之使形成整体。卷埽时用数百人杠大木卷起，每卷一层，都在上面架上大木梯，众人站立在梯上压紧。当时卷埽所用绳索即有心索、底楼索、束腰索、箍头索、苃索、斯绚索、网子索等各种名称。

---

❶ 《宋史·河渠志》卷九一。
❷ 《宋史·河渠志》卷九一。
❸ 《宋史·河渠志》卷九一。
❹ 《宋史·河渠志》卷九一。
❺ 《宋史·李若谷传》卷二九一。
❻ 《宋史·河渠志》卷九一。
❼ 《长编》卷二八二。

埽的大小尺寸不等，每个大埽一般长 30 步（100 尺），直径一般为 10～40 尺左右。宋代的埽岸，一般由上下四五束，左右数十束大埽紧密排列于迎水堤坡坡面上，蔚为壮观。下埽时往往数百人甚至上千人同时用力操作。

5. 堵口技术

堵口的难点在于合龙，《河防通议》中有"闭河"一节，专门记载北宋堵口合龙的技术和过程。合龙前，首先检视龙口的深阔、水流情况以及土质情况。随后，在龙口两岸插标杆、架设浮桥以便役夫通行和同时抛掷物料。为了减弱水势，先于龙口上游打星椿，然后在星椿内抛大木巨石以压狂澜，接着从两岸各进草占三道，土占两道，并在上面抛下土石包压占，闭口时同时急速抛下土包土袋，鸣锣助威。合龙后，于占前卷拦头埽压于占上，再修筑压口堤，并堵塞占眼漏水（即闭气）。最后于迎水处加埽护岸。

合龙时除了经常采用大埽堵口方法外，北宋人还创造一种"横埽法"堵口。这种"横埽法"是元丰元年（1078 年）堵塞曹村决口时由转运使王居卿提出，当时"决口断流，实获其力"。蔡确为此特向朝廷为王居卿申请赏赐，并要求都水监作为常法推广，宋神宗还下令将此法写入灵津庙碑❶。

"横埽法"的具体情况缺乏记载，但顾名思义，推测"横埽法"可能是将大埽横置放下进占合龙，如图 4.2 所示。

"横埽法"乍看起来似乎只是将埽的方向变换一直角，并没有什么新鲜，但是，它与"直埽法"比较，进占速度虽不如后者，而迎水面积却比较后者大为减少，因此，受水流冲击力要小得多，且埽的长度要比埽的直径大近 10 倍，全埽因受水流冲击力而离开龙口位置的时间差也要比直埽法大得多，因而大大延长了压埽施工的时间。这在争分夺秒地抢险合龙的情况下，

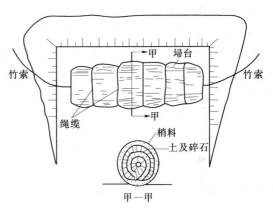

图 4.2 卷埽法示意图

其沉埽于龙口的成功率当然要比直埽法大得多。因此，它与直埽法相比较，是个很大的改进。这种方法一出现，即引起朝廷的重视，不是没有道理的。

北宋对一些较大的堵口工程往往采取一些辅助性措施，例如在龙口上游增置锯牙将急流挑开，以减轻来水动能，或在上游先行分水，减少上下游水位差，以减轻合龙时的困难程度，这都是一些比较有效的办法。

4.1.4 南宋至明嘉靖末时期黄河治理

南宋初年，人工决黄河防金兵南侵，水主流从泗水入淮。金末元初又一次人工决河，主流从涡河入淮。自金代起汴河湮塞，黄河已无正式分支。但金、元两代初年都是放任自流，后来修有局部堤防和修围护城邑的围堤，只是限制洪水的淹没区，而且重北岸，轻南

❶ 《长编》卷二九五。

岸。元至正十一年（1351年）有名的贾鲁治河，主要是堵白茅决口（在今曹县境），他提出疏（分流）、浚（浚淤）、塞（堵塞）三法。汛期施工，创制石船大堤等挑水工程，在堵口技术上有成就。这几百年中防洪手段不外乎这3种。金、元、明定都北京，对永定河的修防都很重视。卢沟桥附近地方已经完备，下游也有100里以上的堤防。这一时期长江堤防，荆江河段已经完成，下游及支流上也逐渐形成系统堤防。

黄河入淮，淮水下游不畅，中下游泛滥增加就修筑相应的堤防。明代重开会通河，京杭运河成为南粮北运的主要运道。明代为了保证漕运，资政通，弘治两次北决，冲断运河（参见黄河水利史）后就以北堵南分为主要对策。北岸筑大堤，南岸开浚分流。嘉靖时提出向南分流加重淮河泛滥，可能波及明皇室泗州（金江苏盱眙北）的祖陵和凤阳皇陵，南岸也逐渐筑成千里堤防。到隆庆年间，黄河下游南北岸除个别地段外都有了长堤。

嘉靖后期，河患频仍，并且集中在徐州、沛县之间的地区。嘉靖三十七年（1558年），黄河在徐州上游200余里处的新集附近决口。决水的一大支趋东北段家口，又分成大溜沟、小溜沟、秦沟、浊河、胭脂沟、飞云桥等6小支，全部冲入运河，然后折而南下至徐州东面的徐州洪；另一大支由砀山坚城集下郭贯楼，再分为龙沟、母河、梁楼沟、杨氏沟、胡店沟5小支，然后由小浮桥也汇入徐州洪。而新集以下原来黄河主流较长时间行经的夏邑，丁家道口、马牧集、韩家道口，然后至萧县蓟门出小浮桥的250里"贾鲁故道"则完全被淤掉。自此以后的近10年中，黄河忽东忽西无有定向。特别是在徐州、沛县、砀山、丰县之间的一带地区，更是洪水横流，沙淤冲积，运道、民生都处于黄河的严重危害之下。这样一种不堪收拾的局面，无疑与前期实行的北堤南分、多支分流的方略密切相关。因而，迫使人们认真去思考、总结以往的教训，探索新的治河方略。正如《明史·河渠志》中所概括的："水得分泄者数年，不致壅溃。然分多势弱，浅者仅二尺，识者知其必淤。"❶ 于是，筑堤束水、固定河槽、以水攻沙的主张应运而生了。

4.1.5 明隆庆元年至民国末年黄河治理

这一时期防洪要求、手段和理论都有了新的发展。明隆庆、万历年间潘季驯等治河，着眼于治沙，一反以分疏治水为主之说，提倡"以堤束水，以水攻沙"，堤的意义一变而为治河工具。他主张遥堤防御洪水，缕堤靠近河床束水刷沙，格堤拦截顺堤水流，月堤防险等，并辅以各类埽坝。每年修守有一套完整制度，有决口则迅速堵塞。建筑减水坝，分减特大洪水，维护遥堤，实际是有控制的分流。最后又主张放淤固堤，利用泥沙来控固堤防。这类放淤，清代继续使用，清中期（19世纪）在黄河、漳卫河、永定河上普遍使用。

潘季驯治水，把黄淮运当成一盘棋，提出了规划性措施，对淮河采用调蓄办法，大修高家堰，筑成洪泽湖水库拦蓄淮河洪水。对黄淮合流的河道淤积，提出逼淮河清水出清口（淮阴西）以清水稀释黄河浑水，冲刷河身。这两种措施，到清代勒辅、陈潢时发扬光大，洪泽湖扩大，以清释浑提得更加明确。勒、陈还修了更大更多的黄河下游减水坝，特别是南岸。向南分减洪水，沿途沉沙，较清的水入洪泽湖，助长清水的力量，出清口刷浑。勒、陈还疏浚海口段，这和潘季驯的意见是不同的。

---

❶ 《明史·河渠》。

潘、勒等人的办法，效果虽不明显，但清代至民国 300 年来一直是治河的主要方案。清代黄河防洪在工程技术上有所提高。例如埽工改为软厢，使用砖、石工等。民国年间引进西方技术，在交通、通信、测量、水文测验、沿河上中下游综合治理理论等方面成就较多，堵口修堤技术采用不多。

清代对永定河防洪的重视，仅次于黄河。康熙时在卢沟桥以下修成了 200 公里的堤防。南运河、漳河等也修成了大段堤防。清代人对海河水系的筑堤有不少反对意见，认为筑堤后泥沙淤成悬河，决溢水灾反而多了，不如无堤，任其泛滥，淤沙可以肥田，一水一麦可以补偿。还有人主张散水匀沙，把泥沙沉积在遥堤间的广大滩地上，清水进入河槽。这些主张并未实行，仍以修堤为主，决溢为灾的记载，多于前代。

长江中下游堤防这一时期已普遍修成。荆江仍是防洪重点，自清代乾隆五十三年（1788 年）荆江大水为灾以后，修守制度和黄河相似。汉水及赣江下游堤防普遍完成，也每年防汛。

珠江、东江、西江、北江下游亦修堤防，民国时试用新技术修建闸坝等。

4.1.6 淮河的治理

1. 高家堰

淮河干流上的挡水堤坝，又称高加堰。历史上江苏淮扬地区的防洪屏障，经数百年修建增筑，最后形成今洪泽湖大堤。相传创建人为东汉陈登，一说为明初陈瑄。最早的增筑记载见于《明实录》嘉靖三十二年（1553 年）正月。现存大堤长 67.25 公里，北起淮安市淮阴区马头镇，经洪泽县高良涧，南抵盱眙县堤头村。近代大堤，底宽约 50 米，临湖石工墙通厚 0.8 米以上，底部埋设基桩，临水侧 10:1 收坡，顶部以蝶形铁扣联结。砌石一般 15~18 层，每层高 1.2 尺，顶部标高 17~17.5 米。石墙里侧衬砌砖柜，砖柜后面夯填灰土，再后才是堤身土。

大堤所形成的洪泽湖原为塘泊洼地，淮河斜穿而过，隋代通济渠及唐宋汴渠、洪泽新河、龟山运河等均经由今湖区。古代，位于今大堤南部的白水塘及毗邻的破釜塘、羡塘等开发较早，历代常用以灌溉屯田。大堤西侧至淮河东岸的洼地里，隋代出现"洪泽浦"一名，明中期曾有洪泽、阜陵、泥墩、万家、灰墩等湖组成的湖群；淮河左岸溧河洼隋代已成运河堤岸壅塞湖，名永泰湖，明代称影塔湖。黄河南徙夺淮后，淮水排泄不畅，洪泽湖一带水面扩大，逐渐有堤防修筑。高家堰在明嘉靖年间是一道防洪长堤，兼作淮安城通往西南盱眙诸县的一段大路。隆庆六年（1572 年）大修，堤长 5400 丈（约合 17 公里）、高 1 丈（约合 3.2 米）。隆庆、万历年间，黄河与淮河、运河在清口（今马头镇附近）交汇，下游不通畅时，常常倒灌淮河，威胁并危害高家堰。潘季驯于万历六年（1578 年）决定将洪泽诸湖建成一个大湖蓄水，统筹解决蓄淮、刷黄、济运三大问题，遂大修高家堰。堰高 1.2~1.3 丈，长 10878 丈（约合 37 公里），其中 3400 丈为"笆工"（排桩防浪工）。万历七年（1579 年）大湖建成，形成洪泽湖水库。大堤北起武家墩以北至新庄一带，南至越城。越城以南不筑堤，留作"天然减水坝"（溢洪道）。竣工不久，设高堰大使 1 名，统领 500 名河兵组成的专修队伍，这一制度一直延至明朝灭亡。万历八年（1580 年）十月至万历十一年（1583 年）三月，在高家堰迎水面创建石工墙，长 3110 丈，高 1 丈（约合 3.2 米），厚 2.5 尺。万历十年（1582 年），"永济河"开通，洪泽湖大堤自武家墩起借

"永济河"西堤向北延长至运河岸边的文华寺。万历十六年（1588年）前，土堤向南延伸至周桥。万历二十年（1592年）以前，土堤迎水面几乎全部做了笆工。万历二十三年（1595年）以后的3年中，在大堤上就原有退水渠的地方接连设置了武家墩、高良涧、周家桥3座泄水闸，淮河上游洪水来临时可向高家堰下游分泄，另设古沟闸以资备用。明清之际，大堤屡冲屡修，无大变化，只周桥以南不断出现民堤，也常有冲决。清康熙十六年（1677年）靳辅治河时，周桥以南的低岗地带已被日益扩大的洪泽湖冲出9道大水沟。靳辅于康熙十七年（1678年）十一月至次年五月，将水沟全部堵塞并在此基础上加筑永久性副坝。康熙十九年（1680年），改明代泄水闸为减水坝6座，依次为武家墩、高良涧、周家桥、古沟东、古沟西、塘埂，口门总宽170.4丈（约545米），用以取代明"天然减水坝"及泄水闸。与此同时，武家墩西北出现横堤，与纷杂的运口堤防一起，逐渐将大堤引至马头镇旁的清口。洪泽湖水面开阔，风浪冲击大堤，康熙十六年至二十四年（1677~1685年）填筑土坦坡，消浪效果较好。康熙三十一年（1692年）以前，周桥以南减水坝增至6座，总宽200丈。康熙三十九年（1700年），大堤石工墙向南扩展至古沟，次年扩展至林家西，并用3年时间建成了林家西坝（宽73丈）。康熙四十四年（1705年），周桥南6座减坝改为3座滚水坝，溢流总宽保持不变，后称之为仁、义、礼三坝，并有天然土坝2座。雍正九年（1731年），高家堰大翻修。乾隆十六年（1751年），增建智、信两坝以取代天然土坝，与仁、义、礼坝合称"山盱五坝"。信坝以北全改为石工，信坝至蒋坝新做石基砖工（后也改石工墙）。五坝过水后往往冲坏，因而不断改建、移建。咸丰元年（1851年），礼坝溃决未堵，淮河在清口受阻，即由此循三河改道经运河入江，诸滚水坝亦废。清代石工最长时达60.1公里，后北段因湖底淤高，不受风浪影响，渐有拆除。传说知府吴棠曾拆条石4.5公里修淮安城。抗日战争时期，高堰石工常被偷盗，1943年和1945年解放区政府两次补砌。中华人民共和国成立后，残破的大堤得到了彻底改造和加高加固，洪泽成为淮河干流上的大型水利枢纽工程，同时也是中国五大淡水湖之一。高家堰和洪泽湖周边历代工程建筑或遗存、碑刻等是宝贵的历史文化遗产。

2. 浮山堰

淮河干流历史上第一座大型拦河坝，用于军事水攻的典型工程。浮山堰位于苏皖交界的浮山峡内。南朝梁天监十五年（516年）建成，同年八月即遭遇大洪水而溃决，使下游人民的生命财产遭受巨大的损失。

天监十三年（514年）梁武帝与北魏争夺寿阳（今安徽寿县），派康绚主持在浮山峡筑坝壅水，以倒灌寿阳城逼魏军撤退。由于受技术水平和自然条件影响，筑坝工程中死伤了成千上万人。在截流时向龙口抛掷了几千万斤铁器，但两次合龙均告失败。据记载，这个浮山堰工程包括了一堰一湫（溢洪道），总长9里，大把底宽140丈（约336米）、顶宽45丈（约108米）、高20丈（约48米），坝顶筑有子堤并栽植了杞柳。

距坝址现场勘查，文献记载的坝高数据尚难确认，较为可能的是30~32米，蓄水量可超过100亿立方米，淹没面积六七千平方公里以上。坝成蓄水后，寿阳果然被水围困。魏军出于恐惧，又开挖了第二条泄水沟。

浮山堰溃决后，北岸山峡部分坝体残存至今。北岸山上凹处有两条泄水沟遗迹。北侧的泄水沟较深，中华人民共和国成立初期尚可通水，治淮中曾利用过。稍偏南有1条宽前干槽遗迹，至今仍依稀可辨。

4.1.7 长江的治理

1. 归江十坝

除归海坝外，宣泄淮河洪水的通道还有归江诸坝。它们多数是运河东堤上的侧向溢流堰，溢出的洪水经坝下引河排出，最后泄入长江，随着洪泽湖库容减小和清口的逐渐淤塞，归江坝承担的泄洪任务也在增大，坝的规模和数量也愈来愈多，最后发展为 10 座，所以称为归江十坝。

明万历初即有淮决高家堰破高宝运堤，由运河、芒稻河入江的记录。分淮经运河归江作为治水规划是从明万历二十三年（1595 年）杨一魁为总河时开始的，当时是由高家堰三闸引水入邵伯湖，开金湾河泄洪处有金湾三闸控制。清康熙时，总河靳辅于金湾闸以南建三合土减水坝一座。当时，沿运河往下左堤还有凤凰三桥，桥下有滚水坝，坝下引河达廖家沟入江，再下左岸还有壁虎桥下滚水坝和湾头闸，向通扬运河（也称古盐河）泄水，支分廖家沟和芒稻河入江。此时的归江水量与归海并重。乾隆时，在金湾坝和凤凰桥坝之间建东西湾三合土滚水坝各一座，坝下挑引河，即后来的太平河，泄水经石羊沟至廖家沟入江。拆去金湾南中二闸，添建金湾新坝，挑金湾坝引河，直出董家沟入芒稻河入江。另外，还在仙女庙北通扬运河上建褚山滚水坝一座，并挖越河一条以通船。这时，归江坝宣泄洪水量已较归海坝为大。道光年间，又在运河的凤凰坝下游建新河坝和挑瓦窝铺新河，泄水至廖家沟入江。又在金湾闸河越河口下游建拦江坝。至此，归江十坝已全部建成（见图 4.3），但已将三合土坝改为草土坝，平时挡水保运，洪水到来时垮坝加大泄洪量。

图 4.3 归江十坝位置示意图

归纳起来，归江十坝包括：

（1）拦江坝，在新运盐河（通扬运河新道）越河口下，宣泄新运盐河过量洪水入芒稻河归。

（2）褚山坝，在越河入老运盐河（通扬运河）口之右，挡各坝宣泄的水量不入通扬运河下游，宣泄拦江坝以下越河水入芒稻河归江。

（3）金湾坝，在金湾引河头，宣泄运河水入董家沟、芒稻河归江。

（4）东湾坝，在太平河左上口。

（5）西湾坝，在太平河头，二者并列，宣泄运河水至石羊沟入廖家沟归江。

（6）凤凰坝，在凤凰河头，宣泄运河水入廖家沟归江。

（7）新河坝，在瓦窝铺新河河头，宣泄运河水入廖家沟归江。

（8）壁虎坝；在湾头镇北，古运盐河与黑云河相接处。

（9）湾头坝，在古运盐河与淮扬运河相接处，宣泄运河水经古运盐河，入廖家沟，芒稻河归江。

（10）沙河坝，在扬州城东沙河河头，宣泄运河水入沙河归江。

2．归海五坝

归海五坝是淮扬运河下游高邮至邵伯间东堤上的5座侧向溢流坝，洪泽湖五坝下泄的淮河水经运河由此东排，再经坝下引河入海。由于归海五坝与高家堰五坝上下相承，遥相对应，所以又称高家堰五坝为"上五坝"，归海五坝为"下五坝"。康熙年间，靳辅治河时所创建，当时有坝8座，为三合土材料建成。张鹏翮任总河时改为5座，即南关坝、五里中坝、柏家墩坝、车逻坝和昭关坝，都改为砌石坝，乾隆以来，随着洪泽湖、清口、运西诸湖的变化和影响，淮扬运河的状况也有很大改变，五坝的位置、结构尺寸及名称也都有相应的变化。乾隆、道光时坝数也保持为5座，但与康熙时差别很大，咸丰时减为3座。为叙述方便，将其具体情况及变化列如表4.1。

各坝坝顶高程随运河河床抬高而抬高。后来也同高家堰一样，坝上加封土，平时挡水增加运河水深以保证航运；汛期除去封土自溃而加大泄洪流量。自乾隆年间开始，坝旁逐渐都加了耳闸，以方便不同溢流量时选择使用（见图4.4）。

在使用过程中，归海坝确为保证宣泄淮河洪水和保证运河东堤安全起了较大的作用。由于坝下引水尾渠泄水标准过低以及里下河地区地势低洼，五坝过水时，里下河地区经常是一片汪洋，名为溢洪，实为任其泛滥，给该地区人民造成极大灾难。清朝期间，特别是后期，清口淤塞，洪泽湖变浅，五坝

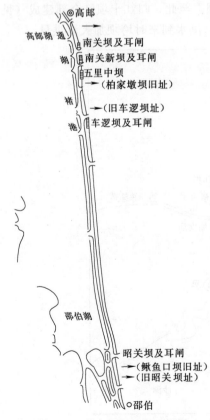

图4.4 道光年间归海五坝图

溢洪频繁,成为江河治理中极为严重的问题。

　　防洪治河的发展是非常快速的,在治河的过程中的治理理念发生了重大的变化。治河的理念和方法越来越趋于成熟,技术上的提高和效果的良好,证明了我国治河事业的发展是我国水利事业发展的一项重要的体现。

表 4.1　　　　　　　　　　　清代归海坝设置变迁简表

坝　名	康熙 (靳辅治河时)	康熙 (张鹏翮治河时)	乾　隆	道　光	咸丰后
子婴坝	1. 子婴坝 三合土坝 二十年建	废闭			
永平坝	2. 永平坝 三合土坝 二十年建	废闭			
南关坝 1	3. 南关坝 三合土坝 二十年建	废闭			
⎰ 五里铺坝 ⎱ 南关坝 2	4. 五里铺坝 三合土坝 二十年改	1. 南关坝 石滚坝 四十一年改	1. 南关坝 石滚坝长 66 丈 十一年加高	1. 南关坝 石滚坝 加耳闸	1. 南关坝 石滚坝 耳闸
南关新坝			2. 南关新坝 石滚坝长 66 丈 二十二年建	2. 南关新坝 石滚坝 加耳闸	2. 南关新坝 石滚坝 耳闸废
⎰ 八里铺坝 ⎱ 五里中坝	5. 八里铺坝 三合土坝 二十年建 6. 柏家墩坝	2. 五里中坝 石滚坝 四十七年改 3. 柏家墩坝	3. 五里中坝 石滚坝 废闭	3. 五里中坝 石滚坝	废闭
柏家墩坝	三合土坝 二十年建	三合土坝			
车逻坝 1	7. 车逻坝 三合土坝 二十年改				
车逻坝 2		4. 车逻坝 石滚坝 四十一年建	4. 车逻坝 石滚坝长 64 丈 五年建耳闸建 十年加高	4. 车逻坝 石滚坝 加耳闸	3. 车逻坝 石滚坝 耳闸
昭关坝 3				5. 昭关坝 石滚坝 六年建加耳闸	废闭
昭关坝 2			5. 昭关坝 石滚坝长 24 丈 二十二年建	废闭	
鳅鱼口坝	8. 鳅鱼口坝 三合土坝 十八年建	废闭			
昭关坝 1		5. 昭关坝 石滚坝 三十八年建	废闭		

4.2 农田水利史

中国大部分地区受季风气候的影响，降雨量时空分不均，旱涝灾害频繁，要确保农业丰收和社会经济的发展，必须靠农田水利工程来加以调节进行灌溉或排水，可以说，中国的农业发展史，也是一部农田水利史。

4.2.1 战国以前的农田水利

中国农业从大禹治水的传说开始直到今天，都是在与洪涝旱碱沙等自然灾害作斗争的过程中逐步发展起来的。可以说，没有水利，就没有农业，这和古代欧洲的农业"决定于天气的好坏"截然不同。农田灌溉在我国农业技术发展史上占有重要的地位，中国农田水利建设出现虽早，但就华夏族活动中心的黄河中下游地区而言，战国以前农田水利的重点是防洪排涝。

4.2.2 战国至秦汉时期的农田水利

战国时期，情况发生了很大的变化，农田灌溉成为水利建设的重点，出现了一批大型水利工程。主要的有陂塘蓄水工程——芍陂，灌溉分洪工程——都江堰，大型渠系灌溉工程——郑国渠，多首制引水工程——漳水渠。

1. 都江堰和长江流域的灌溉工程

公元前256年秦灭西周后，在蜀郡守李冰的主持下，修建了举世闻名的都江堰。工程建于岷江冲积扇地形上，为无坝引水渠系。渠首工程主要由鱼嘴、宝瓶口和飞沙堰3部分组成。在科学技术上有许多创造，是古代灌溉渠系中不可多得的优秀典型。都江堰除灌溉效益外，还有防洪、航运和城市供水的作用，促进了川西平原的经济繁荣，战国末年在今湖北宜城的白起渠是陂渠串联式灌溉工程。它从汉水支流蛮水引水，将分散的陂塘和渠系串联起来，提高了灌溉保证率。汉元帝建昭五年（公元前34年）南阳太守召信臣在汉水支流唐白河一带修建的六门堨，也是陂渠串联形式。

2. 郑白渠和黄河流域灌溉工程

关中平原上规模最大的郑国渠，秦始皇元年（公元前246年）由郑国主持兴建。它西引泾水，东注洛水，干渠全长300余里，灌溉面积号称4万余顷。西汉太始二年（公元前95年）又扩建了白渠，灌溉面积4500余顷。这一带还有六辅渠。在渭水及其支流上，则有成国渠、蒙茏渠、灵轵渠。利用洛水的灌溉工程有以井渠施工技术著称的龙首渠。在今山西太原西南晋水上的智伯渠，是一座有坝取水工程，汾河下游也曾引黄河水灌溉。

3. 坎儿井和西北华北地区灌溉工程

坎儿井是新疆吐鲁番盆地一带引取渗入地下的雪水进行灌溉的工程形式。西汉时期已见诸记载。新疆塔里木河和罗布泊一带，西汉时期广兴屯田，也多有灌溉工程。河西走廊、宁夏河套灌溉也有修建。战国初年，在今河北南部临漳县一带由魏国西门豹主持兴建的引漳十二渠，是有文字记载的最早的大型渠系。西汉时期在今石家庄地区兴建的太白渠，规模也相当可观。

此外，这一时期还有以芍陂、鸿隙陂为代表的江淮流域灌溉；以文齐在云南修陂池为代表的长江上游水利；以泰山下引汶水为代表的山东地区水利等。

4. 农田水利的科技成就

在水资源方面，《吕氏春秋·国圃》指出了降水受东南季风影响的事实。《周礼·职方氏》罗列了全国主要的河流湖泊分布及其灌溉利益。《管子·地员》对地下水质和埋藏深度与其上土壤性质和作物的关系有所说明。在农田水利工程和灌溉技术方面，《管子·度地》的一些论述，表明当时对明渠比降计算，有压管流的水力学现象、水跃以及土壤含水量与施工质量的关系等有所认识。都江堰石人水尺的应用，渠口选择和对弯道环流的利用，对高含沙水流灌溉效益的认识和利用，对盐碱土的认识和改造等，都有重要意义。龙首渠的大型无压隧洞，标志着测量和施工的水平。当年灌渠已有闸门控制水量，输水渡槽已经出现，凿井开采地下水以及井壁衬砌技术已较成熟。在六辅渠上还出现了首次见于记载的灌溉制度。

4.2.3 东汉至南北朝的农田水利

这一时期，海河、黄河、淮河、长江、钱塘江诸流域农田水利建设均有发展，其中以淮河流域陂塘建设成就突出。

1. 淮河流域的陂塘

淮河上中游多丘陵，适于修建陂塘。三国时期曹魏在淮河南北大兴屯田，修建陂塘等灌溉工程较多。上述在郦道元《水经注》中记述较详。除淮河流域之外，唐白河流域的陂塘也较发达。出土陶制陂塘水田模型表明，东汉时期陕西汉中地区以及四川、云南等省都曾普遍有陂塘修建。

2. 长江流域和江南地区的农田水利建设

继西汉召信臣之后，东汉杜诗在唐白河流域兴修水利又有新成绩。长江上游地区，新莽时期由益州太守文齐主持建造陂池，为云南水利的先驱。长江下游一带，孙吴及南朝在建业（又称建康，今南京）建都，附近水利普遍开发。其中位于句容县的赤山塘（唐代改名维岩湖）规模最大，灌田万顷。晋代在今丹阳县所修练湖及镇江市东南的新丰塘，灌溉面积也达数百顷。钱塘江流域水利工程则以东汉永和五年（140 年）修建的绍兴鉴湖最为著称，直到南宋都有效益。此外还有湖州的荻塘、吴兴塘，长兴的西湖以及丽水通济堰等。

3. 黄河流域和华北地区的农田水利建设

河西走廊内陆河灌溉、河套引黄灌溉，特别是北魏太平真君五年（444 年）引黄河水的艾山渠规模较大。东汉初年在今北京市密云、顺义一带引潮白河水灌溉，效益显著。嘉平二年（250 年）在永定河上兴建的戾陵堰灌区，灌溉面积有万余顷。此外，引漳、引沁及今山东、山西灌溉也有发展。

4. 黄淮海平原地区的排涝工程

淮泗流域地势平坦，河道排水不畅。西晋时期淮泗流域涝灾严重。咸宁四年（278 年）杜预指出，陂塘阻水是涝灾原因之一。他主张废弃曹魏以来新建的陂塘和疏浚排水河道的建议得到实行。西晋初年在黄河北岸今安阳、邯郸地区，北魏中期在今河北省衡水、沧州及其以北地区涝情严重，崔楷也提出过大面积排水计划。

4.2.4 唐宋时期的农田水利

这一时期，社会获得较长时期的安定，水利发展迅速。江南水利进步尤为显著。北方地区农田放淤和水利管理也有重大进步。

1. 南方水利和太湖圩田

南方蓄水塘堰迅速发展，浙江勤县东钱湖、广德湖和小江湖等均创自唐代，其中东钱湖灌田 20 余万亩，至今兴利。在今江西一带，唐元和年间（806～820 年）韦丹兴修大小陂塘 598 座，共灌田 12000 顷。乾道九年（1173 年）仅福建长乐县就建设湖塘陂堰 104 座，灌田 2800 多顷。淳熙元年（1174 年）江南西路（包括今赣东、赣北、皖南及江苏西部）共修陂塘 2245 座，灌田 4 万余顷。在今湖南长沙，建于五代的龟塘也灌田万顷。

东南沿海的渠系灌溉工程大多兼有抵御海潮内侵的作用。唐代太和七年（833 年）在今浙江宁波兴建它山堰，溢流坝横拦勤江，抬高上游水位并隔断下游成湖。堰上游开渠引水，灌田数千顷。位于今福建莆田的木兰陂。始建于北宋，也是类似的渠系灌溉工程。

圩田水利成就显著。圩田一般建在滨湖或滨河地区，用圩岸将圩田与外水隔开。圩岸上建闸，将圩田灌排沟渠与外水沟通。低田可自流引灌，高田借助水车提水灌溉。太湖圩田兴起较早，唐代后期已较发达。但因太湖中部地形洼陷，加上排水河道逐渐淤积变浅，又有运河河道阻碍太湖泄水以及海潮顶托等原因，圩田常受洪涝威胁。北宋时范仲淹、都曾、单愕等人都曾提出治理规划，赵霖于政和六年（1116 年）至宣和元年（1119 年）主持施工，取得一定成效。除太湖流域外，湘、鄂、皖沿江地区也有圩田兴作。

2. 北方农田水利和大规模放淤

以关中地区为代表的黄河流域渠系工程持续发展，河套地区、河西走廊以及汾河流域兴建较多。在海河流域，唐代主要是排水防涝。北宋时利用东起天津、静海，西至保定、徐水的淀泊发展稻田，但收益有限。北方水利有特色的是大规模农田放淤，特别是在熙宁变法中，放淤形成高潮。放淤虽存在一些问题，但大量盐碱地因而得到改良，有的产量成倍增长。变法失败后，大规模放淤即行停止。

3. 灌溉技术

唐宋时期灌溉机械较前代有重大发展，南方普遍使用水车，包括人力提水的翻车和水力驱动的筒车等，南宋时期筒车已在今浙、赣、闽、桂、粤、湘等地流行。水力运转的提水机械和农业加工机械的发展也颇为可观。

在田间灌溉技术方面，唐代主要灌区内各支渠之间和支渠控制范围的各斗渠之间，按作物需水和地段的不同实行轮灌。根据作物生长需水的不同阶段和当地气候变化制定灌溉制度。此外，至迟在宋代已经实现对小流域范围的水位测量和控制。北方海河流域的塘泊上设有水则，南方使用更普遍，例如浙江勤县平字水则、绍兴鉴湖水则和吴江水则碑等。

4. 农田水利法规和专著

唐代制定的《水部式》是中国现存最早的全国性水利法规，其中对灌溉用水制度、灌溉管理的行政组织以及处理灌溉、航运水利机械和城市供水之间的用水矛盾等，都作了规定。除全国性法规外，各灌区还有自己的灌溉制度。宋代熙宁二年（1069 年）颁布的《农田水利约束》是政府制定的发展水利的政策性规定。这些灌溉法规的制定和实施，对于促进水利建设的发展，减少水事纠纷，合理利用水资源，保证灌区的长期运行等，都起着重要的作用。在农田水利普遍发展的基础上，宋代单锷著《吴中水利书》和魏观著《四明它山水利备览》等农田水利专著相继问世。

4.2.5　元明清时期的农田水利

本时期农田水利工程在各地普遍兴修，但著名的大型工程较少，成就突出的是江南地区。继太湖圩田之后，两湖地区圩田和珠江三角洲堤围迅速兴起。边远地区农田水利和江浙海塘建设进一步发展。农田水利著作大量涌现。

1. 海河流域农田水利

元明清三代建都北京，而经济重心在南方。自元代开始就不断有人呼吁发展海河流域农田水利，以改变依赖运河每年漕运大批粮食和其他物资的负担。明代万历年间，徐贞明在调查的基础上撰述《潞水客谈》，提出综合治理海河流域河流、淀泊，发展水田灌溉的建议，并试行有效。清雍正年间怡贤亲王允祥在陈仪的帮助下，也曾在畿辅一带大范围开垦水田，后也因财力及水源不足等原因，未获明显效果。

2. 两湖垸田和珠江三角洲堤围

南宋以后江南加速开发。两湖水利，特别是湖北荆江、湖南洞庭湖一带垸田迅速发展。垸田的形式和江南圩田类似，明清时期发展更快。明正统年间（1439～1449 年）华容县有垸田 48 所，至明末已发展到 100 多所。大垸纵横 10 多里，小垸在百亩上下。珠江三角洲垸堤称作堤围（又称基围），也开始于宋代。明代，堤围不仅沿西、北、东三江及其支流分布，而且进一步向滨海发展。清代堤围较前代成倍增长，当时沿海一带还出现人工打坝种苇，促进海滩的淤涨。其中南海县（今广州市）传建于北宋末年的桑园围，就有 15 万亩之多。不过，由于垸田和堤围垦殖缺乏计划，这些地区的洪涝灾害也因而逐渐加剧。

3. 边疆地区的灌溉

干旱的西北边疆离开灌溉就没有农业。清代乾隆年间及以后，为加强西北防务，大兴屯田。嘉庆七年（1802 年）在惠远城（今伊宁市西）伊犁河北岸，开渠引水灌田数万亩。此后农田灌溉渠系在今哈密、吐鲁番、乌苏、伊宁、阿克苏、库车、轮台、焉青、于田、和田、莎车、喀什等地都有兴修。吐鲁番盆地一带特有的坎儿井工程在清后期有很大发展。道光二十五年（1845 年）林则徐被遣戍新疆时，曾主持修建伊拉里克一带坎儿井近百处。光绪初年左宗棠在吐鲁番地区又增开坎儿井 185 座。此后，坎儿井曾推广到哈密、库车、都善等地。宁夏引黄灌溉继汉唐之后又有发展。元初郭守敬倡导将本区灌区各渠道一一恢复，共灌田 900 多万亩。清代康熙、雍正年间又新建大清渠、惠农渠等。道光以后，内蒙古河套灌溉发展迅速，至光绪二十九年（1903 年）已开大干渠 8 条，小干渠 20 多条，共有农田 90 多万亩。

西南边疆地区水利本时期也有重要发展。赛典赤于至元十三年（1276 年）大兴滇池水利。疏浚螳螂川浅滩，增大滇池调蓄能力，涸出耕地万余顷，又修建松花坝，开挖金汁河，灌溉效益延续至今。今广西、贵州境陂塘较多，桂林的南北二堰共灌田 2000 余顷。

4. 区域水利规划的发展

农田水利发展必须与防洪、航运、水土保持等相协调，纳入统一的水利规划才是科学的。太湖流域水利规划在北宋已受到重视。明清间水利规划工作在进一步发展。徐光启强调在作规划工作时要详细了解自然和社会条件，提出水利规划应以精确的测量为依据，强调要对河道、湖泊、地形、土壤、作物等进行全面调查，从而做到"测量审，规划精"。明清时期海河水利规划比较突出。

海河流域诸支流自西而东呈扇形分布，下流汇聚天津，由海河入海。本区雨量又集中于七、八、九 3 个月，因而使得洪涝灾害严重。徐贞明提出海河水利规划的总认识，即下游多开支河分流入海，上游多建渠系引水灌溉，留出淀泊容蓄洪水，沿淀洼地可仿照南方的经验，兴修圩田。清代雍正年间陈仪对此又有所发展。但由于受到社会和自然条件的限制，这些规划思想均未能系统实施。

5. 水利科学家和水利著述

本期农田水利科学家以郭守敬、王祯、徐光启等人最著名。郭守敬（1231～1316 年）曾参加宁夏古灌区的恢复重建工作，引永定河水灌溉也有成效，元初的重要水利活动，大都有他参加。王祯字伯善，今山东东平人，所著《农书》有 13 万言，初刊刻于皇庆二年（1313 年）。其中的灌溉篇论述了农田水利的历史沿革和多种灌溉工程的形式。对于灌溉提水工具和水力加工机械叙述尤详。明代著名科学家徐光启著有《农政全书》60 卷，水利即占 9 卷。其中归纳了前代关于华北和东南兴办水利的精到见解，介绍了多种灌溉建筑物及其施工方法，对西方水利技术知识也有所介绍。

本期农田水利著作数量显著增加。除《农书》、《农政全书》、《授时通考》外，有流域范围的水利书，例如明代张国维的《吴中水利书》。清代吴邦庆的《畿辅河道水利丛书》；有一个地区的水利书，例如清代陈池养的《莆田水利志》；有一个灌区的专著，例如元代李好文《泾渠图说》、清代冯武宗的《桑园围志》；有一座水工建筑物的专著，例如清代程鹤翥的《闸务全书》；有水利资料整编类型的著作，例如明代归有光的《三吴水利录》、清代王太岳的《泾渠志》；有翻译和介绍西方水利技术的著作，例如明代徐光启的《泰西水法》等。

这一时期农田水利工程管理也更加细致，尤其是有悠久历史的关中郑白渠、浙江丽水通济堰、广东南海桑园围等，都有规范化的管理制度。

4.2.6 民国时期的农田水利

本期吸收西方传入的水利科学与技术，兴建了一些新型灌区，开创了农田水利科学实验，制定了比较科学的水利法，从而开始了取代古代水利技术的过程。

1. 农田水利工程建设

西北地区农田水利建设以 20 世纪 30 年代陕西兴建的几处大型灌溉工程最为著称。首先动工的是由李仪祉负责设计和施工的泾惠渠。它恢复了有 2000 多年历史的引泾灌溉。1935 年灌溉面积达 59 万亩。取水枢纽由混凝土溢流坝和具有平面钢闸门、螺旋启闭机的进水闸、退水闸所组成。民国年间兴建的渠系引水工程的枢纽布置大都采用这一形式。相继修建的有洛惠渠、渭惠渠等。截至 1947 年陕西诸灌区建成通水的有泾、渭、梅、黑、汉、褒、湑等 7 个灌区，灌溉面积合计 138 万亩。此外，新疆的新盛渠、甘肃的洮惠渠、宁夏的云亭渠等也都是类似的新型灌区。

黄河下游的灌溉以山东、河南建设的几处虹吸淤灌工程较有特色。当时主要采用直径 60cm 的虹吸管，从黄河引水，浇灌沿黄盐碱地。每座淤灌站的控制面积一般在二三万亩左右。

海河流域农田水利以 1933 年兴建的滹沱河灌溉工程规模较大，有长 480 米的拦河堰，以及引水闸和泄水闸等建筑物，可灌溉 30 余万亩。在桑干河、洋河和永定河三角洲的放淤灌溉工程也收到了一些效果。

长江中下游兴建的农田水利工程中，以几处排水闸较著称。位于江苏省常熟县的白茆河节制闸共 5 孔，宽 44 米，改善了这一带圩田排水条件。位于湖北武昌的金水河排涝闸，建成于 1935 年，共 3 孔，每孔宽 7 米，受益面积 93 万亩。太湖地区电力排灌开始于 1924 年，1930 年武进县戚墅堰电厂电力排灌面积已达 4 万多亩。江西地区的小型农田水利建设兴盛，以瑞金县为例，在 1934 年春耕运动中，共修新旧陂塘 1404 处，水塘 3379 座，筒车 88 架，水车 1009 架，使得全县 94％的耕地得到灌溉。

东南沿海灌溉较著名的有福建省长乐县莲柄港提水灌溉工程，1927 年动工，1935 年改建为电力提水，灌溉面积 6 万余亩。台湾灌溉自清代康熙年间以来有较大发展。日本帝国主义侵台期间也有一些农田水利建设。民国初年兴建的灌溉工程以嘉南大圳和桃园大圳规模最大。嘉南大圳位于嘉南县，1920 年动工，1930 年建成，灌溉面积 225 万亩。桃园大圳位于新竹县，1916 年兴建引淡水河工程与灌区内已有的 8000 多个陂塘串联，灌溉面积 33 万亩。

西南地区农田水利在抗日战争期间有较大发展。据 1947 年统计，从 1938～1945 年，云、贵、川三省共兴建农田水利工程 39 处，灌溉面积合计 57 万亩，其中四川的官宋珊、永城堰，云南的龙公渠、甸惠渠，灌溉面积各有数万亩。

两广地区、东北三省也兴建了一些农田水利工程。

2. 科学研究机构和水利法

1931 年 5 月在吴江县成立的模范灌溉庞山实验场，是最早成立的农田水利科研机构。它以水稻灌水实验为主。主要项目有优良水稻品种调查、二杆行实验、浸水实验、栽培迟早实验、品种比较实验等。1934 年 12 月在安徽临淮关成立模范灌溉实验场，主要进行小麦灌溉实验。1935 年在天津成立崔兴沽灌溉实验场，主要研究课题有作物最佳灌溉时间、灌溉定额的确定，排水方法实验和盐碱地改良等。此外还有河北省改良碱地委员会，专门进行盐碱地改良实验。它们成为中国现代农田水利科学实验的开端。

民国年间曾参照西方国家水法，制定了比较科学的《水利法》，在 1942 年颁行，共 9 章 71 条。其中对水利事业做了比较科学的定义，强调水是国家资源，兴办水利必须首先向国家取得水权等。除《水利法》外，对于农田水利还有若干补充条例，如 1943 年公布的《兴办水利事业奖励条例》、《各省发行水利公债举办农田水利原则》，1944 年通过的《各省酌拨田赋超收部分成数兴办农田水利办法》，以及统筹防洪和灌溉的《整理江湖沿岸农田水利办法大纲》等。

4.2.7 中华人民共和国时期的农田水利

中华人民共和国成立后，经过大规模的农田水利基本建设，农田水利工程的数量、效益和抗御水旱灾害的能力都有很大的提高。与 1949 年相比，灌溉面积增长了 3 倍多，共计 5467 万公顷，机电排灌动力设备增加了 900 多倍，达到 0.7 亿千瓦，全国 80％以上的易涝耕地、70％以上的盐碱地和 60％左右的低产农田都得到不同程度的治理。林果灌溉、牧区水利和农村乡镇供水工程都有长足进展。农田水利事业的发展，为农业生产的稳步发展和人民生活的改善提供了物质保证。与 1949 年相比,1996 年全国耕地面积虽然减少 3%、人口增加了 1.26 倍,但粮食总产却在 1132 亿公斤的基础上增长了 3 倍;人均粮食由 209 公斤增加到 412 公斤,增长了近 1 倍。此外,棉花、油料、肉类、水产、果品、蔬菜等成几倍到十几倍增长。由于灌溉面积扩大和供水能力提高,全国水田面积大幅度增加,由于有了灌溉保证,北方冬小麦和棉花播种面积成倍增长,南方水田复种指数也有所提高。过去很多经常遭受旱涝灾害、产量很低的农田,通过治理,变成了旱涝保收、高产稳产的农田。

经过几十年来大规模的水利建设,中国已初步建成了防洪、排涝、灌溉和供水体系,为国家的经济发展提供了基本保障。但是由于人口的增加,经济的发展,以及人民对水资源的不合理开发利用,水旱灾害尚未得到有效控制,水资源供求矛盾日益尖锐,水污染在不断加剧,全国 1/2 以上的农田处于"靠天种植"的状况。因此,必须加快以水利为重点的农村基本建设,改善农业生态环境,坚持不懈地搞好农田水利基本建设,努力解决干旱缺水的局面,加快现有大中型灌区水利设施的修复和完善。发展节水农业,努力扩大农田有效灌溉面积,成为今后农田水利的重点。

4.3 水利机械史

4.3.1 中国古代水力机具

公元前 30 年左右,中国与希腊在水力应用方面几乎同时起步,其技术完备,种类繁多,应用普及。中国古代有代表性的水力机具为水碓、水磨、水排、筒车和水转纺车等。

1. 水碓

用水力驱动的杵舂,有去除谷壳、麦壳和捶纸浆、碎矿石等用途。东汉初年桓谭在其所著《新论》中提到,比之人力杵舂,"役水而舂,其利乃且百倍"。魏晋时期水碓已广泛应用。西晋权贵王戎有水碓 40 处,石崇有 30 处。水碓的传动方式是由水流冲动水轮,轮轴上的短横木拨动碓稍,碓头即一起一落舂捣。东晋学者杜预作"连机水碓",即一个水轮带动几个或十几个杵舂《王祯农书》将水碓称作机碓。水流自上冲动水轮者称作"斗碓"或"鼓碓",自下冲动水轮者称作"撩车碓",另一种称作"懒碓"的(见图 4.5),碓稍为能容水二三十斤的碗形容器。引水注入碗内,注满时即将碓头压起,碗中的水也同时泄空,碓头随之自动落下,成为一舂,如此循环往复。

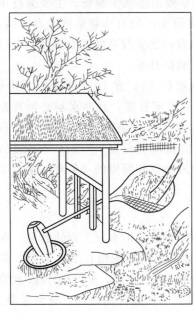

图 4.5 水碓图

2. 水磨

用水力驱动的磨,古代北方又称水硙,在魏晋南北朝时期已见记载。公元 5 世纪末南齐祖冲之曾造水碓、水磨。公元 6 世纪初北魏崔亮曾在洛阳附近"堰谷水,造水碾磨数十区,其利十倍,国用便之"。

《王祯农书》对古代水磨的传动方式有详细记载（见图 4.6），其水力传动部分有卧轮式和立轮式两种。一个立轮带两磨的装置称为立轮连二磨，最多的有一立轮带动 3 个齿轮，每一齿轮带动 1 盘大磨，大磨再各带动 2 盘小磨，合计一个立轮带 9 盘磨，称作"水转连磨"。还有二船并联，中间安置立轮，两船各置一磨的，称"活法磨"，唐代又称"浮砣"后代也叫"船砣"。

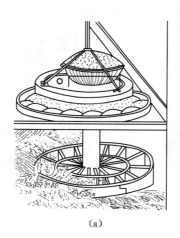

(a)

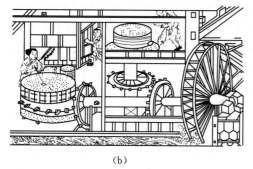

(b)

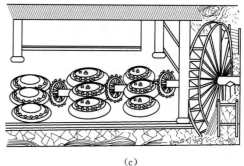

(c)

图 4.6　水磨图

唐代水磨使用很普遍，关中地区的郑白渠上有许多属于王公贵族的水磨。大历十三年因水磨、水碾太多，妨碍灌溉，曾一次毁掉水磨、水碾 80 多座。北宋时期在今河南、山东、安徽等地修建有大量水磨，除磨面外，也用来磨茶。绍圣四年（1079 年）"于长葛等处京、索、溱水增修磨 260 余所"。北宋还在中央政府中专设"水磨务"的机构，隶属于司农寺。

古代还有水碓、水碾，其传动装置与水磨类似。碓是用来破除谷壳的，它的上盘较磨轻，可与磨互换，多用木料制成。碾是用来去除米糠的。一个水力装置同时带动磨、碓、碾的，王祯称它为水轮三事。

3. 水排

中国古代水力驱动的冶炼鼓风机，最早的记载是后汉建武七年（公元 31 年）南阳太守杜诗"造作水排"。其传动结构是利用水流冲动圆轮运转，通过连杆带动鼓风机，向冶炼炉鼓风（见图 4.7）。三国时期监冶谒者韩暨曾加以推广，"因长流为水排，计其利益，三倍于前"。中国发明和使用水排的时间，比欧洲早 1000 年。和水排机械结构类似的是加工面粉的"水击面罗"。王祯说，"水击面罗"可以和水磨共同联结在一个水力转轮上，"筛面甚速，倍力于人"。

图 4.7　水排图

4. 筒车

轮式提水机械，多用流水驱动（见图 4.8），也有的用畜力驱动，其结构是（见图 4.9），在水流急处建设带有挡板（又称受水板）的水轮，轮面固定在两边立柱上，水轮顶部高于河岸，四周倾斜绑扎若干竹筒，水流冲击受水板，带动水轮绕轴转动，底部的竹筒临流取水，随轮转至顶部并将竹筒中的水倒入木槽，实现提水的目的。筒车至迟在唐代已发明。陈延章有《水轮赋》，描写筒车的结构和功用。宋代，筒车已普及到今浙江、江西、湖南、广东、广西等地。南方的筒车多为竹制，北方筒车多为木制。今甘肃、宁夏黄河沿岸仍有大型筒车使用。《王祯农书》上还记载有高转筒车，可提水 10 丈以上，其形式与圆形筒车有较大的差别，而与翻车（龙骨水车）接近。它有上、下两轮，直径各约为 4 尺，两轮间有竹索联系，竹索上捆扎取水竹筒若干。转动上轮带动竹索和竹筒运转，达到提水的目的。其动力多为畜拉或人踏。

图 4.8　筒车图

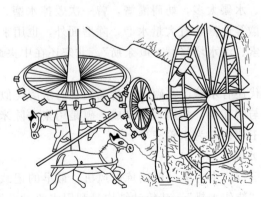

图 4.9　驴转筒车图

5. 水转纺车

中国古代以水驱动的纺织机具。纺车部分与人力纺车一样，用水力作为动力。古代的大纺车长 2 丈多，宽 5 尺左右，宋元时用来纺苎麻。据《王祯农书》记载，其水力部分"与水转碾之法俱同"，即在临流处安置水轮，并通过机械传动，带动纺车转动（见图4.10）。古代水力机具的水力部分大致相同，水轮只有卧式和立式的区别。

图 4.10　水转纺车图

用来车水灌溉的有水转翻车、高转筒车等，用于粮食加工的有水磨、水碓等；用于鼓风冶炼的是水排，用于纺织的就是水转纺车。

4.3.2　中国古代提水机具

春秋战国时期，提水机具见诸文字记载。现代出土的汉代画像石中有较多提水机具的内容，可见至迟在汉代，大多类型的古代提水机具已经问世。辘轳是提水机具中的重要代表，它使北方地区提取地下水成为可能。2000 年来，桔槔、辘轳、水车等是灌溉、排水、供水（生活和生产领域）中普遍使用的提水机具，其中机械传动部分并无大的变化，而从能源利用来看，提水机具的发展经历了人力、畜力应用和水力、风力等自然能应用两个发展阶段。18 世纪的工业革命，诞生了使用电能的抽水机，它标志着以自然能为动力的提水机具的终结。但是，古代老的水力机具，在边远的山区和农村至今仍在使用。

中国古代有代表性的提水机具有桔槔、辘轳、翻车、恒升等。

1. 桔槔

桔槔是杠杆式人力提水机具。桔槔的结构是，在水源岸边竖立一根木柱，古代称作植。木柱上绑扎一根横杆，古代称为桥。横杆一端用绳系一水筒，另一端系一平衡重物，借助人力提水（见图4.11）。桔槔的文字记载最早见于《庄子·天地》，类似桔槔的提水机具还有鹤饮。所不同者，鹤饮的横杆为一木槽。木槽封口的一端侵入水源取水，人力搬动木槽另一端，水即由此开口端流出。

2. 辘轳

利用轮轴原理的起重工具，多用来汲取井水，其构造是，在井岸上安置带有水平转轴的支撑架。转轴一端装有曲柄，转轴上缠绕着汲水索，绳索下端系水桶，用人力或畜力摇

图 4.11　桔槔图

图 4.12　辘轳图

(a)

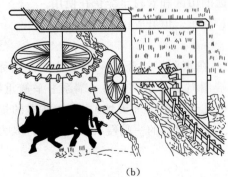

(b)

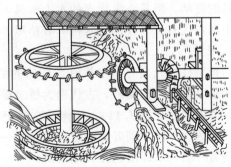

(c)

图 4.13　翻车图

动曲柄，即可由井水提水（见图 4.12），有的在汲水索两端各系一水桶，提水效率可以提高。辘轳的可靠文字记载见于战国初期。和此种辘轳类似的机械绞车（又称绞关），古代也称辘轳，相当于用人力或畜力作动力的现代卷扬机。绞车的转轴常竖立安放，古代船只翻越堰埭常用此设备牵引。

3. 翻车

翻车又称拔车，即今之龙骨水车，其结构是用木板做成长槽，槽中放置数十块与木槽宽度相称的刮水板（或木斗），刮水板间用铰关依次连接并首尾相连。木槽上、下两端各有一带齿木轴，转动上轴，刮水板循环运转，同时将刮水板间水体自上而下带出（见图4.13）。苏轼用"翻翻联联衔尾鸦，荦荦确确蜕骨蛇"形容它。翻车和渴乌同在东汉中平三年（186 年）有掖庭令毕岚所发明。翻车的动力分为手摇、足踏、牛拉以及风力和水力驱动等形式。和翻车结构类似的还有高转筒车和专取井水的井车。

4. 恒升

徐光启在《泰西水法》中介绍的一种人力提水机械，即今之提升泵，明代末年传入中国，译名为恒升，主要由 3 部分组成：一为"筒筒"，通常为圆柱形的密闭筒，筒底装有只能向上的阀门；二为"提柱"即可在"筒"内上下运动的活塞，活塞也有只能向上的阀门；三为"衡柱"，即操纵活塞上下运动的手动杠杆。取水时，将圆筒下面的水管侵入水中，上下按动杠杆，水面上的大气压将水压入筒内，进至活塞上面，并被提升，流出筒口。此种机具至今在中国一些农家还在应用。宋代用于盐井提水的水排，其原理和恒升相同，《泰西水法》中和恒升类似的还有玉衡，二者区别在于，玉衡有两个带有活塞的工作筒和一个储水器，它们的底部各有一个只能向上开的阀门，当工作筒活塞下压，筒内的水就被推入储水器，再由储水器上部的管口流出。玉衡发明于古罗马，时间约在公元前几十年。

4.4　城　市　水　利　史

4.4.1　城市水利的产生

原始公社末期，随着生产的发展，出现了剩余产品，随之就有了私有财产和交换，这种交换的场所就是市。市要选在用水和行船都方便的地方，必须靠近河、湖、泉、井等水源；河湖的洪水泛滥又会给市造成灾害，还要有简单的防范洪水的措施。随商业发展而形成的市，后来又和统治阶级的各级行政中心相结合，于是就成了人口密集、财富集中、文化发达的城市，用水和防洪的要求较高，这是城市水利的开始。

4.4.2　早期城建理论中的水利问题

春秋战国时，已出现在临淄（今山东临淄城北）、燕下都（今河北易县东南）、邯郸（今河北邯郸西南）、大梁（今河南开封）、郑（今河南新郑）、郢都（今湖北江陵北）、吴（今江苏苏州）、咸阳（今陕西咸阳东）等繁华城市，形成了比较系统的建城理论，其中城市水利理论占有重要地位。《管子》一书对此有较详细叙述，主要内容为：①选择城市的位置要高低适度，既便于取水，又便于防洪，随有利的地形条件和水利条件而建，不必拘泥于一定的模式；②建城不仅要在肥沃的土地上，还应当便于布置水利工程，既注意供水，又注意排污，有利于改善环境；③在选择好的城址上，要建城墙，墙外建郭，郭外还有土坎，地高则挖沟引水和排水，地低就要作堤防挡水；④城市的防洪、引水、排水是十分重大的事情，最高领导人都要过问。这些理论一直为古代城市水利建设所遵循。

上述理论的具体化，就成为古代城市水利的基本内容。

（1）居民用水、手工业用水、防火和航运是古代城市供水的主要方面。城市靠近河湖和打井是主要的取水方式。在水源不便的地方建城，需要做专门的引水工程送水入城。例如三国时雁门郡治广武城（今山西代县西南），唐代坊州中部县（今陕西黄陵县）、袁州宜春城（今江西宜春）都曾建有数里长的专门供水渠道和相应的建筑物。

（2）古代征战攻守，城占有极重要的地位。为巩固城防，城市要筑坚固的城墙，同时深挖较宽的护城河，也叫池或濠，在敌人攻城时，使城和濠成为相互依托的两道防线。护城河中的水来自上游的河、湖、溪流或泉水，大多数有专门的引水工程。也有的护城河就是天然的或人工的河湖。护城河下尾要有渠道排泄入江河。为控制蓄泄，还要建相应的建筑物。护城河和城墙体系是城市最有效的防洪工程。当洪水泛滥时，城墙是坚固的挡水堤防，护城河就成为导水排水的通道。在黄淮海平原，有很多城市在一般的城墙和护城河之外又筑一道防洪堤，实际也是一道土城，堤外同样有沟渠环绕，使城市形成双重防洪体系。

（3）古代不少水利工程兼有城市供水和农田灌溉的双重作用。其中，有的城市供水工程兼有农田灌溉效益；有的是大型灌溉工程兼有城市供水作用；有的是城市运河用来作农田季节性灌溉。这些灌溉工程多属于为城市生活服务范围。也有些城市水域用于种植菱荷菱蒲，养殖鱼虾鳖蟹，并收副业之利。

（4）历史上，针对城市发展自然环境随之恶化的问题，以采用水来改造和美化城市环境的办法作为对策，用水利工程引水入城，或借用自然水体加以修整、改造作为建城的基址，曾得到广泛的利用。中国六大古都长安、洛阳、开封、杭州、南京和北京都兴修了大量的水利工程来改善城市环境，不少中小城市也兴修了相应的工程。

4.4.3　城市水利的发展

春秋战国时各诸侯国的都城，都是该国的政治和经济的中心，每个城市都有自己独特的水利条件和相应的水利工程。秦都咸阳，跨渭河南北，有较好的供水条件，控制着关中地区的水陆交通，在宫殿遗址中，还发现一些陶制的大断面下水管道。齐都临淄，滨淄河而建，开凿淄济运河与济水沟通，再由济水、黄河水和淮水相通，形成了方便的交通条件。在郑韩故城、燕下都等地也发现了水井和下水管道。经秦暂短的统一后，西汉形成一个大统一的局面，城市和城市水利建设都有很大发展，其中西汉都城长安和东汉都城洛阳两城分别形成了以水库昆明池为中心的和以阳渠引水系统为中心的供水系统，兼顾航运的需要。三国两晋南北朝期间，国家长期处于分裂和战乱状态，城市及其水利遭到严重破坏，但也有些城市水利得到发展。例如个别军事集团的政治经济中心城市，像曹魏的都城邺（今河北临漳县邺镇），引漳河水解决了城市供水、环境改善、航运和灌溉多方面的需要。一些少数民族进入中原，学习了中原的经验，使其中心城市迅速地发展，例如拓跋魏的都城平城在寒冷和缺乏水资源的北方，引天然河流与它的人工支渠在城内通过，解决了缺水的困难。当时征战常用水攻，易受攻击的城市强化其防洪体系，使该城水利设施有畸形发展，例如淮河流域的寿阳（今安徽寿县）就成功抵御了战争中多次放水淹城的进攻。北方大量居民的南迁，加速了南方地区的开发，使南方城市及其水利得到迅速的发展，例如六朝都城建康（原名建业，今南京）建造了以秦淮河为主要水源、引长江潮水为补充水源的城市水利系统。

隋代的重新统一和唐代的繁荣强大，一直到北宋，城市水利随之兴旺发达，出现了长安、洛阳和开封等规模宏大的城市，充分利用地区内的水资源，使居民饮水、航运用水、园林供水和防洪排涝等得到解决。

南宋都城临安，在唐、五代开发西湖的基础上，宋代已形成了以湖为中心的供水系统。其他城市的水利也有相应的发展，例如江西宜春独立修建了供水工程；保存至今的宋代文物《平江图碑》描绘了当时苏州城的平面布置和城内河道情况，与近代苏州城相对照，不仅城的平面位置和主要街道未变，而且河网基本未变，证明那时城市水利建设已有近代规划布置水平。在南宋与金的对峙时期，金曾把都城迁至今北京，称中都，开始了城市的水利建设，保证了城市供水和航运，并开始建设以水利工程为中心的北宫。

元代统一全国，城市水利的主要成就集中于大都（在金中都东北另建的新都城），它集历史上城市水利建设的主要成就，先后开通和利用了金口河、坝河和通惠河三条运河，其中，成就最大的通惠河采用白浮引水、瓮山泊调蓄和运河层层设闸的办法成功地解决了缺水地区的大规模航运问题。此外，元大都在供水、排水和城市防洪方面也获得成功。明清北京城的位置稍有南移，并在城南加筑了外城。仍以通惠河为通航干道，以汇集西山泉水为水源的昆明湖枢纽为中心，分别向北京城、通惠河和郊区的园林、农田供水，代替了白浮引水。

明初，国内各大中小旧城普遍改建或加固城墙，浚深护城河，新建城市也尽量完善城墙和护城河系统。在不同地区，大多根据地方特点在供水排水和防洪两个方面兴修了相应的工程，形成了各大小地区具有较完善水利设施的中心城市、港口城市和商业城市。清末，西方科学技术传入中国，铁路、海运和自来水的发展，使传统的城市水利逐渐变化，在新的条件下不断充实和发展。

第5章　水利史人物、科研、教育

5.1　中国水利史人物

5.1.1　禹

大约公元前 2000 年前，古代部落联盟领袖，传说中治理特大洪水的领袖人物就是禹。先秦文献中记载着尧舜时期发生全国性特大洪水，禹治水成功的传说。禹以前有共工和禹父鲧奉尧帝命治水，都因单纯堤防壅堵失败，舜帝驱逐了他们，改命禹治水。禹走遍全国，因势利导，改以疏导为主，开九川（九指多数）通海。禹因治水有功，受舜禅位为部落联盟领袖，为中国第一个王朝——夏朝奠定了基础。其子启建立了中国历史上第一个奴隶制国家——夏。

禹的事迹对后世治水影响深远，大禹治水鼓舞了中国人民可以战胜洪水灾害的信心；他治水 13 年，三过家门而不入，其勤劳奉公精神为后人所效法；他的因势疏导，值得借鉴。传说中禹的功绩应是古代劳动人民长期治水的综合成果。

5.1.2　李冰

李冰，战国时期人，秦昭襄王末年（约公元前 256～前 251 年）为蜀郡守，在岷江流域兴办了许多除水害、兴水利的工程。李冰最大的治水功绩，是在岷江进入成都平原处"壅江作坍"，创建了都江堰引水工程。《华阳国志》记李冰设 3 石人立水中测量水位，上刻"水乾毋及足，涨毋及肩"，年中水量以此为度。这是见诸记载最早的水则。关于李冰治水的传说，东汉以后不断有所增附。唐代导江县（今灌县）已建李冰祠。北宋开始流传李冰之子李二郎协助治水的传说。1974 年，在灌县岷江（外江），发掘出一座东汉建宁元年（168 年）雕刻的李冰石像。四川民间习称李冰为"川祖"。李冰成为都江堰百姓崇拜的神灵。

5.1.3　召信臣

召信臣，字翁卿，今安徽省寿县人，汉代水利名人，汉元帝时（公元前 48～前 33 年）其为南阳郡太守，大力发展农业和兴修水利，亲自勘察水源，开沟渠，修筑堤坝水门，建成水利工程数十处，灌溉面积最多时达 3 万顷，使南阳地区成为当时全国富庶地区之一。为加强灌溉管理，他组织制定了灌溉管理制度，将"均水约束"刻于石碑立在田地旁，以防止水利纠纷。在所修筑的水利工程中，最著名的有六门陂、钳卢陂、马仁陂，有的一直沿用了 2000 多年。

5.1.4　王景

王景，字仲通，"广窥众书，又好天文术数之事，沈深多技艺"，是个学识渊博的学者。他尤其擅长水利工程技术，"能理水"，而且在从事治黄之前，他已经积累了成功修治汴渠的实践经验。他对于治黄的利害得失有较深入的了解，所以当汉明帝接见并问及治河问题时，他能对答如流，遂被委派主持治河。这次治河规模相当大，动员了数十万人参加，施工整整一年时间，所花经费以百亿计，工程终于顺利完成，这就是历史上著称的王景治河。公元 11 年黄河在魏郡决口，初决时未筑堤约束，洪水在"清河以东数郡"泛滥横溢。由于以往"平帝时，河、汴决坏，未及得修"，以致当时"侵毁济渠，所漂数十许县"。黄河洪水侵入济水和汴渠，这一带内河航道被淤塞，田地村落被洪水吞没，其中兖州（相当今河南北部，山东西部一带）、豫州（相当今豫东南、皖西北）受害尤重。对待黄河南摆，黄河南北地方官持不同态度，南方主张迅速堵塞决口，使黄河北归，而北方则赞成维持南流现状。建武十年（公元 34 年）有人提议治河，因南北互相掣肘，未实行。此后河势更加恶化，汴渠受冲击，渠口水门沦入黄河，而兖豫地区老百姓大受水害，民不聊生，纷纷指责统治阶级不关心人民死活。在人民群众的压力下，永平十二年（公元 69 年）东汉王朝决定派王景治理黄河。

5.1.5 刘馥

刘馥，字元颖，沛国相县（今安徽省淮北市西）人，三国时期曹魏屯田主张的支持者，建安五年（200 年）受命出任扬州刺史。他在镇守合肥期间曾采取了一些措施，恢复经济，发展生产。因此许多流落外地的农民纷纷回到家乡，总数达万人以上。刘馥组织军队和百姓修治了芍陂、茹陂、七门土曷和吴塘，引水种植稻田。经营水利屯田达七八年之久，有效地贯彻了曹操"屯田令"的主张，为北方的统一做出了贡献。刘馥主持修建的几座大型灌溉工程以后历代都有不同程度的整修和发展，其中不少至今仍然发挥作用。其中的典型代表芍陂（安丰塘）效益不减当年，成为全国重点文物保护单位。

5.1.6 邓艾

邓艾，公元 197～264 年，字士载，三国后期魏国的将领，义阳郡棘阳（今河南新野东北）人。少年时期的邓艾就酷爱军事，常常独自研读兵书战策，学习行军布阵之法。后来，邓艾的品学终于得到司马懿的赏识，先任邓艾为掾属，后被封为尚书郎。为壮大曹魏的军事实力，他在淮河流域推行了大规模的水利营田。

从正始二年（241 年）开始，屯军 5 万人，淮北 2 万人，淮南 3 万人。淮南"遂北临淮水，自钟离而南，横石以西，尽批水四百余里，五里置一营，营六十人且佃且守"。今凤阳、定远以西至霍丘各陂塘都开发利用过。《水经注》淮水篇之穷水"流结为陂，谓之穷陂。塘堰虽沦，犹用不辍，陂水四分，农事用康"。穷水就是现在的城西湖水。芍陂附近还有阳湖、横塘、死马塘等也见《水经注》，也应当属于这一范围。梁中大通六年（534 年）夏侯夔"帅军人于苍陵立堰，溉田千余顷，岁收谷百余万石，……"。苍陵在今寿县以西，颍水口之东，亦即芍陂灌区的一部分。也可能是曹魏时的旧迹重开。邓艾水利营田最著名的水利工程是宝应西南的白水塘，它的周围长有 250 里，设有 8 座斗门，可灌田 1.2 万顷。

5.1.7 姜师度

姜师度（653～723 年），唐魏州（今河北大名北）人，曾任易州刺史、御史中丞、大理卿、司农卿、陕州刺史、河中尹、同州刺史、将作大匠等职。"勤于为政，又有巧思，颇知沟洫之利",在初唐甚有政声。

唐神龙年间（705～707 年），姜师度在易州刺史及河北道监察兼支度营田使任内，于蓟门之北引水为大沟，以防奚人及契丹入侵；又考魏武帝曹操修渠旧事，"傍海穿漕"，修平房渠，避开了海运艰险，使中原腹地至北疆前线的粮运得以畅通无阻。唐开元元年（713 年），姜师度改任陕州刺史。到职后，他看到州西太原仓虽距黄河不远，但常需用车载米至河边，然后登舟西运关中，颇费人力。他根据地形地势，率众开挖了地道，仓米"自上注之，便至水次"，节省了大量人力物力。开元二至四年，他又在华阴县境开敷水渠，"以泄水害"。在郑县（今陕西华县）疏修利俗及罗文灌渠，引水溉田；并建堤于渭水之滨，以防漫溢。开元六年，蒲州改河中府，姜调为河中尹。辖境原有安邑盐池，年久渐形涸竭。师度经过考察，"发卒开拓，疏决水道，置为盐屯"，公私享其利。开元七年，再迁同州（治所在今陕西大荔县境）刺史，又于"朝邑、河西二县界，就古通灵陂择地引洛水及黄河水灌之，以种稻田，凡二千余顷，内置屯十余所，收获万计"。

《旧唐书》对姜师度赞之称："师度既好沟洫，所在必发众穿凿，虽时有不利，而成功亦多。先是，太史令傅孝忠善占星纬，时人为之语曰：'傅孝忠两眼看天，姜师度一心穿地'。"

5.1.8　秦九韶

秦九韶（1202～1261 年），字道古，安岳人。秦九韶与李冶、杨辉、朱世杰并称宋元数学四大家。其父秦季栖，进士出身，官至上部郎中、秘书少监。秦九韶聪敏勤学。宋绍定四年（1231 年），秦九韶考中进士，先后担任县尉、通判、参议官、州守、同农、寺丞等职。先后在湖北、安徽、江苏、浙江等地做官，1261 年左右被贬至梅州（今广东梅县），不久死于任所。他在政务之余，对数学进行虔心钻研，并广泛搜集历学、数学、星象、音律、营造等资料，进行分析、研究。

宋淳祐四至七年（1244～1247 年），他在为母亲守孝时，把长期积累的数学知识和研究所得加以编辑，写成了闻名的巨著《数学九章》，并创造了"大衍术"。这不仅在当时处于世界领先地位，在近代数学和现代电子计算设计中，也起到了重要作用，被称为"中国剩余定理"。他所论的"正负开方术"，被称为"秦九韶程序"。现在，世界各国从小学、中学到大学的数学课程，几乎都接触到他的定理、定律和解题原则。秦九韶在数学方面的研究成果，比英国数学家取得的成果要早 800 多年。在《数书九章》中有关水利的算题包括：《围田先计》，是某处围草荡为田的设计蓝图；《漂田推积》，是推算田地被水冲去一块的损失；《围田租亩》，是计算某一围田可收的租米；《地池测雨》，是记当时各州县用天地盆量雨器计算降雨深度；《圆罂测雨》，写另一种量雨器；《竹器验雪》，写用竹箩内雪深折算平地雪深。

5.1.9　郭守敬

郭守敬（1231～1316 年），字若思，顺德邢台（今河北邢台市）人，元代杰出的科学家，至元八年（1271 年）任都水监。1275 年查勘泗水、汶水、卫河等水道相互沟通的形势，将结果绘图上报。他重视数据的收集与测量工作，组织领导进行了南北 11000 里、东西宽 6000 余里范围内的晷影测量，定出全国 27 个测点的纬度。至元二十八年（1291 年）

郭守敬查勘滦河与卢沟河（今永定河）后，提出兴修水利的 11 项建议，复任都水监。他规划设计通惠河工程，次年施工，较好地解决了水源和运河上的闸坝问题。打通了京杭运河的全线，江南漕船可直接驶入京都。郭守敬前后提出 20 几条兴修水利的建议，治理河渠泊堰几百所。当时人们认为他在水利、历算、仪象制度三方面的学问是人所不及的。

5.1.10　贾鲁

元代贾鲁主持的治河工程，重点是堵塞白茅决口。至正四年（1344 年），黄河在曹县白茅决口，泛滥横流达 7 年。1351 年四月，工部尚书贾鲁任总治河防使，主持堵口工程。其方策是："疏，浚，塞并举"，其主要措施有三：一是整治旧河道，疏浚减水；二是筑塞小口，培修堤防；三是堵塞黄陵口门，挽河回归故道，这是工程重点。贾鲁四月主持兴工，动用民夫 15 万，军队 2 万，七月即完成浚河 280 余里，八月开始放水入故道，九月开始堵口。贾鲁以大船装石做成"石船堤"和草埽截水堤并用，逼大溜回正河故道。决口两侧共修堤坝 36 里，其中挑水坝长 26 里。石船堤之法，以 27 艘大船装满碎石逆流并排，左右与两岸系牢，前后互相固定，同时以斧凿底，沉于水中，上卷大埽压之，障水入故河，为堵口奠定了稳固的基础，这是水利技术上的一大创造。黄陵口堵口工程从九月初七开始，至十一月十一日合龙，工程非常艰巨，规模十分浩大，耗费了巨大的人力，物力和财力。后代有人评价这次治河工程说："贾鲁修黄河，恩多怨亦多，百年千载后，恩在怨消磨"。

5.1.11　潘季驯

潘季驯（1521～1595 年）字时良，浙江吴兴人，明代著名治河专家。嘉靖末至万历年间 4 次出任总理河道，提出加强堤防修守的 8 项措施，接着又提出了一系列与治河有关的规章制度。潘季驯治河后，整个黄河下游堤防都得到加固，河道基本被固定下来，水患减少。他主持治理黄河、运河，在理论和实践上都有重要建树。

潘季驯在长期治河实践中，吸取前人的成果，总结新的经验，逐步形成"以河治河，以水攻沙"的治理黄河总方略，其核心在于强调治沙，主要措施有遥堤防洪，缕堤攻沙，减水坝分洪等，这改变了历来在治黄实践中只重治水、不重治沙的片面倾向。他不断总结经验，河运水道也因而一度畅通。潘季驯治河的基本主张和主要工作记录辑录于代表作《河防一览》中，该书深刻地影响了后代的治黄实践。潘季驯的治黄主张和实践有几个显著特征：抓住黄河水少沙多，水量年内分布不均的特殊性；利用水沙关系的自然规律来涮深河槽；依河情地势和当时社会、经济、技术条件，强调"治河之法，当观其全"，对治理黄、淮运交汇的复杂格局有全面规划。

5.1.12　徐贞明

徐贞明（约 1530～1590 年），字孺东，一字伯继，江西贵溪人，明代后期倡导海河水利的代表人物，万历三年（1575 年）任工科给事中。徐贞明认为，由于首都设在北京，而赋税集于东南，每年从江南一带通过运河运输数百万石粮食北上是很大的浪费。为了减轻这一负担，必须发展海河流域农田水利，以提高农产量。他上书论水利，认为"水聚之则为害，散之则为利"，主张在海河上游开渠灌溉，下游开支河分泄洪水，低洼淀泊留以蓄水，淀泊周围开辟圩田，则水利兴而水害除。这一建议未被采纳，并因此事被贬官。其著

《潞水客谈》，进一步阐述自己的见解，认为在北方兴修水利有 14 条好处，逐步推行，不难成功，驳斥反对意见并提出具体办法。万历十三年（1585 年）徐贞明被任命为尚宝司少卿，受命兴修水利。他先踏勘京东地区水源，并选择永平府（治今卢龙县）一带试行，次年即得到水浇地 39000 多亩。取得经验后，他又履勘海河流域各地，准备推广，但由于豪强权贵的反对和谏官的弹劾，工程被迫停止。所著《潞水客谈》当时颇流行，万历十二年即有人重印。

5.1.13　徐光启

徐光启（1562～1633 年），字子光，号玄扈，上海人，明代末年著名的科学家。徐光启一生中虽有将近 30 年的从政经历，官至大学士，但其主要成就却在科学研究方面。他在天文历算、数学、机械制造等方面均有建树，而平生钻研最多、成就最大的是农学和水利学。

在水利方面，他强调对水资源的综合利用，重视水利测量，认为审慎的测量是规划工作的客观依据。他指出，对于一个国家来说，水和土是重要的资源，农业是国计民生的根本，而水利又是农业的根本。要使国家富强，必须发展农业和兴修水利，并且治水要和治田相结合。他认为发展水利不仅能够抗旱除涝，而且可以调节地区气候，把水散布在农田沟洫中，还可以减少江河洪水的泛滥。对于水资源的利用，他提出要因地制宜，采取蓄水、引水、调水、保水、提水等技术措施，充分利用河湖等地面水，以及凿井、修水库等办法利用地下水和雨雪水。

《农政全书》70 万字，是徐光启的主要代表作，其中收集关于西北水利、东南水利及浙江水利等重要文论多篇并附以自己的意见。《农政全书》还专写一节《量算河工和测量地势法》，详细介绍了河道和地形测量的仪器、施测步骤、计算方法、验收核实以及如何发现和制止可能出现的作弊现象等，可以作为当时的测量规范看待。他还根据王祯《农书》详列田间水利工程及水利机具，注意引进当时传入的西方技术，编成《泰西水法》。

5.1.14　靳辅

靳辅（1633～1692 年），清代著名治河大臣，字紫垣，汉军镶黄旗人，康熙年间长期任河道总督，主持治理黄河、淮河、运河等，取得了显著效果。

康熙十五年（1676 年）夏，黄河倒灌洪泽湖，高家堰决口 34 处，洪水冲入淮扬运河，运河堤决口 300 余丈，里下河七州县被淹，漕运阻断。在此严重形势下，朝廷任命靳辅为河道总督。次年四月靳辅经过广泛调查研究，一连上疏八道，详陈治理计划、经费预算、机构调整等问题，得到朝廷批准。经过连续几年的大规模治理，黄河、运河出现了几十年的小康局面，靳辅却因围垦涸出土地问题，得罪了显官贵戚，被革职。

靳辅继潘季驯之后，更明确提出了"逼淮注黄，蓄清刷黄"的重要性，更多地修建南岸减水坝分泄黄河洪水。他还认为洪水经过湖洼沉淀泥沙后引入洪泽湖可以加强"蓄清刷黄"。他还主张黄河和运河分开，开修了中运河，并认为海口段可以适当疏浚。靳辅的河工专著《治河方略》详细的记述了他的治河主张与主要措施，对清代后期治河产生了极大影响。

5.1.15　陈潢

陈潢（1638～1689 年），浙江钱塘人，字天一，号省斋。陈潢博学多才，擅长水利，协助靳辅治河十七年，主要治河思想和措施都出自于他的筹划。陈潢对黄河特性有着深刻的认识，并且非常重视实地调查。他认为这是决定治河方略与措施的前提。在陈潢的全力协助下，靳辅主持的治河取得了显著成就。康熙皇帝曾问靳辅是否有博古通今的人赞助，靳辅推举陈潢。康熙帝于是赐予陈潢参赞河务、按察司佥事的官。

靳辅革职后，陈潢受株连被捕入狱，不久即含恨去世。与陈潢同时代的张霭生把陈潢的治河言论收集整理，写成《河防述言》共十二篇，附于靳辅的《治河方略》之后，流传至今，是研究中国古代治河思想的重要史料。

5.1.16　陈仪

陈仪，文安（今河北省文安县）人，清代前期海河水系治理的代表人物，康熙五十四年进士。雍正三年（1725 年）京津冀有 70 多州县遭水灾，陈仪辅助怡贤亲王允祥治水，先从低处下手，扩大洪涝入海去路。在其后数年中，京津冀地区有 70 多条水道，分别疏通故道和开浚新道，其中十之六七系陈仪勘定。雍正四年（1726 年），陈仪以原职翰林院侍读学士带管天津同水利公文，奏稿都出自陈仪之手。雍正五年（1727 年），设置水利营田管理机构，分四局，陈仪主管天津局，统辖天津、静海、沧州及兴国，富国二盐场的水利营田工程，并兼管文安，大城等地的堤工。雍正八年（1730 年），允祥去世，陈仪调任丰润诸路营田观察使，先后在天津等地筑围开渠，引潮灌溉；在丰润，玉田等地营治水田。直到乾隆元年（1736 年）罢职回京，他仍关心海河水利，先后撰著《四河两淀私议》，《永定河引河下口私议》等文。他还参加过雍正《畿辅通志》河渠水利等方面的编修工作，其成果有《直隶河渠志》，《水利营田》等。

5.1.17　郭大昌

郭大昌（1741～1815 年），江苏淮安人，乾隆二十二年（1757 年）曾在江南河库道任贴书，由于他长期钻研河务，熟习河工技术，人称之为"老坝工"，后来被淮扬道聘为幕僚。他一生"讷于言而拙于文"，秉性刚直不阿，曾遭到河官排斥打击，一直得不到重用，以后被迫辞职。

乾隆三十九年八月，黄河决清江浦老坝口，口门一夜之间"塌宽至一百二十丈，跌塘深五丈，全黄入运"，"滨运之淮、扬、高、宝四城官民皆乘屋"，形势十分严重。当时江南河道总督吴嗣爵"惶惧无所措"，不得不请郭大昌来帮助堵口。原计划堵口需银 50 万两，50 天完成。因郭大昌对口门情况了解，心中有数，他对吴说：要我来堵口，工期可缩至 20 天，工款可减至 10 万两左右。但要求施工期间，只需官方派文武汛官各一人，维持工地秩序，料物钱粮由我负责支配。结果如期合龙，仅用银 102000 两。

嘉庆元年（1796 年）二月，黄河又在丰县决口，主管堵口的官员计划堵口用银 120 万两，江南河道总督兰第锡亦感要钱太多，想减少一半，乃商之于郭大昌。郭说：堵口用银只需 30 万两，其中 15 万两可作工料费用；下余 15 万两分给河工官员，亦不算少。他无情地打击了河工贪污的要害。

郭大昌与当时学者包世臣很友好。曾与包全面调查过黄、淮、运形势及海口情况，通过包世臣提出不少治河见解，多被采纳。包对大昌十分敬仰，他在所著《中衢一勺·郭君传》中说："河自生民以来，为患中国。神禹之后数千年而有潘氏（潘季驯）；潘氏后百年而得陈君（陈潢）；陈君后百年而得郭君。贤才之生，如是其难。"

郭大昌的岳父王全一，也是一位老河工，曾将自己在河工上几十年所经历的工程作了记述，后来由江南河道总督徐端刊为《安澜纪要》、《回澜纪要》二书。

5.1.18　林则徐

林则徐（1785～1850 年），字元抚，号少穆、石麟，福建侯官（今福州市区）人，历任河东河道总督、江苏巡抚、署两江总督、湖广总督等职，因"虎门销烟"而闻名于世。林则徐在任职期间，重视兴修水利，治水业绩以在江苏最著。

道光四年（1824 年）秋，林则徐奉旨总办江浙两省 7 府水利，首先督促查勘吴淞江、黄浦江和浏河三江水道，拟就疏浚方案。后因母亲病故仓促奔丧，黄浦、吴淞两江疏浚工程由他人接办完成。道光十三年底，时任江苏巡抚的林则徐开始筹划浏河、白茆河挑浚事宜。道光十四年三月，两河同时挑浚。疏浚后的两河，因地势而导，成效十分显著，对当年江苏的大水和次年的干旱起了重要作用，未酿成水旱灾。后又疏浚丹（阳）—（丹）徒段运河和练湖。道光十五年初，林则徐筹划修建宝山、华亭两县临海一带海塘，疏浚了七浦、徐六泾之口昆山的至和塘、无锡太湖之茆淀，又在苏州三江口建造了宝带桥等。道光十六年，林则徐疏浚了盐城的皮大河。

道光十年六月，林则徐受任湖北布政使。时值荆州大水，林则徐积极修筑堤防，并亲手为公安、监利两县制定《修筑堤工章程》10 条，作为修堤必遵的守则。道光十七年元月，林则徐被任命为湖广总督，仍竭诚致力于江汉安澜。为防止江汉洪水，林则徐提出"与其补救于事后，莫若筹备于未然"的治江策略。他十分重视江堤的修筑工作，认为"湖北地方半系滨河临汉，民生保险，全赖堤防"，应"修防兼重"。为此，他到任不久，即通令有堤各州、县将上年秋冬估修工段，限期整修，并由政府官吏加以验收。在大汛期间，他由汉阳逆汉江而上，查勘和丈量两岸堤防，把堤防按类分为最险、次险和平稳三种，对最险、次险堤防加强培修。他还建立报汛制度，倡导募捐，筹集修防经费。

5.1.19　张謇

张謇（1853～1926 年），字季直，江苏南通（今南通市）人，清光绪二十年（1894年）状元。张謇是中国近代著名实业家，在南通地区兴办了许多利国利民的实业和文化教育事业；其后半生就水利言主要关注淮河与长江的治理，他认为导淮必先从查勘全流域和测量工作开始。1915 年 9 月，在高邮设水利工程讲习所，1919 年停办，历时 5 载，先后培训 126 人，储备了水利工程人才。

1917 年张謇发表《江淮水利计划书》，1918 年主持江淮水利局，同年发表《江淮水利施工计划书》，对"江淮分疏"作了修改，改为"七分入江、三分入海"，并兼治运河及沂沭河。这一修改，在理论上科学地解决了淮河洪水出路问题。1922 年，他在《敬告导淮会议与会诸君意见书》中指出："费氏（美国工程师费礼门，主张全疏入海）计划，固节而工捷，而实地之障碍，未易去除；寨氏（美国工程师寨伯尔，主张全量入江）之工用亦节而捷矣，但来水之数量与实际不符，根本上已不能适用。无已，惟有仍取江淮分疏之策。"新中国成立后的治淮实践表明，这一决策是基本正确的。

1922年1月23日，北洋政府决定设立扬子江水道讨论委员会，会长由内务部长高凌尉兼任，张謇等为副会长。1923年10月22日，张謇被推举为长江下游治江会委员长。他主张"实行导治长江，宜从下游江苏省境内江流入手"，并发表《告下游治江会九县父老书》及《治江会代表启》。后因经费紧缺，仅测量了镇江至南通两岸地形。张謇的"治江三论"对以后的治江规划有一定的影响。

张謇还十分重视培育水利人才，除在通州师范设测绘科、土木科，办高邮水利讲习所外，经多方活动，于1915年成立了河海工程专门学校，培育出许多近代著名水利专家，例如须恺、汪胡桢、宋希尚等。

5.1.20　李仪祉

李仪祉（1882~1938年），原名协，字宜之，陕西蒲城县人。17岁中秀才，清宣统元年（1909年）毕业于京师大学堂，毕业后被派往德国皇家工程大学土木工程科攻读铁路、水利专业。他于1912年辍学回国，次年再度去德，途中考察了欧洲的一些江河，决心学习和钻研水利科学；1915年学成归国，在南京河海工程专门学校任教至1922年，编写了一批专著和教材，担任过扬子江水利委员会顾问工程师等职。1936年，李仪祉发表了《对于治理扬子江之意见》一文，对当时长江面临的主要问题及应采取的治江方针，作了重要阐述。他认为，长江治理工作的主要任务应是保护两岸农业，治江方针宜"以利农防灾为主"。对于长江的防洪问题，他主张在上游寻找相应地点设水库，在中下游利用江堤与两岸湖泽低地以消洪。

1931年，李仪祉倡议成立了中国水利工程学会，并连任7年会长，直至1938年病逝。李仪祉毕生从事水利工作，留有各种专著、论文、计划、提案、报告等200余篇，其中有些水利论著，至今仍有借鉴意义，其代表著作见《李仪祉水利论著选集》。

1928年秋李仪祉任华北水利委员会委员长，1930年回陕西任建设厅厅长，实施引泾工程。1932年夏完成泾惠渠一期工程，当年受益50万亩。1933年秋其任黄河水利委员会委员长兼总工程师，提出了上中下游并重，防洪、航运、灌溉、水电兼顾的综合治理方案，加强对水文、气象、地质、泥沙等方面的研究，进行水土保持实验，改变了过去局限于下游治沙的思想。他主持修建了"关中八惠"灌渠，在天津创建中国第一水工实验所。

5.2　中国近代水利科学研究

5.2.1　河工研究所

河工研究所是中国最早的水利教育和研究机构。清朝末年，由于新兴科学技术的冲击，传统水利工程技术尤其是传统河工学出现了变革的开端，其特点是注重引进现代科学，研讨河工技术，培养治河人才。1908年，永定河道吕佩芬倡导设立了第一个河工研究所，并规定所有河工候补人员，除40岁以上并对河务较为熟悉者外，一律分期分批进入河工研究所学习、研究，每期时间一年，每届30名。还规定，凡是星期天以及凌汛、伏汛、秋汛期间，研究所全体人员均到防汛现场实习，以便锻炼处理实际险情的能力。1909年，直隶总督向朝廷奏报河工研究所的成效，并要求将此机构在中央政府的有关部门立案。1910 年，山东也组织了一个河工研究所。当时已认识到，"河工为专门之学，非细心讲求，久于阅历，不能得其奥窍"，所以要"设立河工研究所，招集学员，讲求河务"，"以养成治河人才"，并提出如将在河工研究所获得毕业资格的人员录用到各级河务机构中，会对治河工程大有裨益。民国初期，在研究学习内容上进一步引入现代水利科学内容。1918 年北洋政府内务部全国河务会议上提出，"治水新法，必须富有新旧学识，方能贯通好用"；建议在黄河两岸设立河工研究所，对治河人员讲授现代科学；并且明确指出，"现在治水新法，日益发明，非设研究所授以新旧学识，不能得以完全河务人员"。

由于旧有河工人员未经过专门教育，更缺乏现代科学；而经过河工专业训练的新人又不了解传统治河方法，也不熟悉河工实际，因此河工研究所作为沟通新旧学识和新旧人员的兼有教育和研究双重职能的机构，使治河工程从理论、技术到施工队伍成分上，都发生了很大变化。由于它注重人才培养，注重学术研究，注重现代科学与传统经验相结合，注重紧密结合工程实际，因此是中国近代水利教育与科研史上的良好开端。

5.2.2 中央水工研究所（南京水利科学研究院）

中央水工研究所是面向全中国的水利、水电、水运科学技术的综合性科学研究机构，现简称南京水科院。南京水科院的前身是 1935 年建立于南京的中央水工实验所，1942 年改名中央水利实验处，1949 年又改名水利部南京水利实验处，1956 年改为水利部南京水利科学研究所。1957 年，交通部所属水运科学研究所筹备处的港工及航道研究所并入，则由水利部和交通部共同领导，1984 年经国家科学技术委员会批准，改名为水利电力部、交通部南京水利科学研究院，院址在江苏省南京市广州路 223 号。

南京水科院的任务是研究水利、水电和水运工程的科学技术问题。研究范围包括：水力学、渗流和地下水开发利用、通航及过鱼建筑物水力学、环境水力学、内河航道及潮汐河口治理、海岸演变及海港防淤、波浪及防浪掩护、枢纽泥沙、河流动力学、软基加固、土动力学、筑坝技术及观测、大块体结构、振动与抗震、近海工程、钢筋混凝土耐火性及性能改进、钢结构腐蚀与防腐、土工织物、核技术在水利和水运工程中的应用，以及试验仪器、原型观测仪器的研制等。

南京水科院是国务院学位委员会批准的有关学科博士，硕士学位授予单位。截至1985 年底，结合科研举办各种培训班，接受进修学习，共培养专业人员 2400 多人；通过交流科技情报资料，开展学术活动及合作研究，与本国及其他国家有关单位建立了科技合作联系。中国海洋工程学会和中国水力学会岩土力学专业委员会设在南京水科院。

5.2.3 中国第一水工实验所

中国第一水工实验所是中国最早的水工实验机构。

李仪祉、李书田等于 1929 年 9 月首先提出建立水工实验所的倡议，1930 年得到中央财政委员会批准，但经费未兑现。1932 年，华北水利委员会与河北省立工业学校议定合办华北水利委员会、黄河水利委员会和河北省立工业学院联合成立中国第一水工实验所董事会，通过章程，由李仪祉任董事长。其后北洋工学院、导淮委员会、太湖流域水利委员会、建设委员会模范灌溉管理局、陕西省水利局等单位陆续加入，8 单位共同筹款，于1934 年 6 月 1 日在天津皇位路河北省立工业学院举行实验室奠基，次年 11 月 12 日开幕并举行放水典礼，当即进行官厅坝消力模型和黄土河流模型两项试验。《申报》称本水工实验所为"东亚唯一建设"。水工实验所大小试验厅各一个，大试验厅面积为 20 米 × 130 米，小试验厅为 17 米 × 32 米。最大的试验水槽为钢筋混凝土槽，长 106 米，宽 2 米，深 1.5 米，中段的侧面及底部装有玻璃窗，供试验观察之用。管流量水设备有文德里水计，明流量水设备有达纳易德水器，另有三角形量水堰和矩形量水堰。1936 年 7 月，为了保证经费来源，董事会改称委员会，隶属全国经济委员会领导。1937 年，水工实验所毁于战火。1947 年，华北水利工程总局利用接收的日伪建设总署机器修理厂和船场，并再度与北洋大学合作，开办天津水工实验所，1954 年实验所毁于大水。1956 年，天津水工实验所与南京水利实验处迁京的一部分，组成北京水利科学研究院，1957 年中国科学院水工实验室并入，1958 年又与水电科学研究院合并为中国科学院，水利电力部水利水电科学研究院。后又改名为中国水利水电科学研究院。

5.3 中国近代水利教育

5.3.1 河海大学（河海工程专门学校）

河海大学是中国第一所以培养水资源开发利用专门人才为主的多科性理工科大学，全国重点高等院校之一，原属水利电力部主管，现属教育部主管。其主要任务是培养研究生、本科生、专科生、留学生和开展以应用科学为主的科学研究。校址在江苏省南京市西康路。校庆日是 10 月 27 日。

河海大学的前身可以追溯到 1915 年在南京成立的河海工程专门学校。1924 年，东南大学工科并入河海工程专门学校，改名河海工科大学，1927 年与东南大学等 9 所高等学校合并成立第四中山大学，1928 年 2 月改名为江苏大学，同年 5 月又改名国立中央大学。1937 年 6 月中央大学工学院增设水利系，1949 年 5 月中央大学改名南京大学。1952 年全国高等学校院系调整时，南京大学水利系、交通大学水利系、同济大学土木系水利组、华东水利专科学校合并成立华东水利学院。1953～1955 年，山东农学院农田水利系、厦门大学土木系水利技术建筑专修科、淮河水利学校水利工程专科班和武汉大学水利学院的水电系相继并入华东水利学院。1995 年 9 月，华东水利学院改名河海大学。

河海大学本部在南京市，河海大学的机械学院在江苏省常州市。校本部设 10 个系，3 个部，即水力发电工程系、航道及海岸工程系、农田水利工程系、工程勘测系、工程力学系、水资源水文系、自动化工程系、管理工程系、工业与民用建筑系、社会科学系；基础课部、研究生部、函授部。机械学院设机械工程系、管理工程系、电力工程系。本科修业年限为 4 年、专科修业年限为 2～3 年，攻读硕士、博士学位研究生修业年限各为 2～3 年。河海大学还有水利水电工程、海岸及海洋工程、工程力学、环境水利、水利经济 5 个研究所、以及热污染、湖泊水库、高坝通航、应用光学、软件开发与计算技术、量测技术、水文测验 7 个研究室。另有外语培训中心、电化教育中心、计算中心、勘测设计院、对外科技服务部、机械厂、出版社、印刷厂、夜大等。1984 年，在校本部建立南京水利电力管理干部学院，培养从事水利电力管理工作的在职干部。

1952～1986 年，河海大学共毕业本科和专科学生 15000 人，研究生 296 人，留学生

73 人，函授生 1000 多人，培训在职干部 6000 余人。为联合国开发计划署和世界气象组织举办了 3 期国际洪水预报讲习班，为联合国教育、科学及文化组织多次举办国际水文训练班。1978～1986 年，教师主编高等学校教材及教学参考书，工具书共 76 种，其中徐芝纶教授编著的《弹性力学》上、下册，获国家教委 1987 年度优秀教材特等奖。

1972～1986 年，河海大学承担水文水资源、水工结构、河口海岸工程、岩土工程、工程力学及计算机应用等方面研究课题 600 多项，有 500 多项已取得成果，其中获国家级奖 15 项，部省级 90 项。

1978～1985 年，河海大学邀请国际知名学者 203 人次来校讲学、访问；选派教师和教育管理人员到 12 个国家进修学习、讲学、考察；与美国、荷兰、澳大利亚、新西兰、爱尔兰、联邦德国、巴西等国家的 14 所大学建立了校（所）际合作关系；聘请 8 名其他国家的学者为名誉教授，每年还聘请其他国家文教专家来校任教。联合国教育、科学及文化组织国际水文计划署中国国家委员会秘书处设在该校。

5.3.2　中国水利学会（中国水利工程学会）

中国水利学会是中国水利科学技术工作者自愿结合组成的学术性群众团体，受中国科学技术协会的领导并为其组成部分，其宗旨是团结全国水利科技工作者，开展学术交流活动，普及水利科技知识，以促进中国水利科学技术的发展，为社会主义建设服务，并拓展国际学术交流活动，发展同国外有关学术团体和学者之间的友好联系。

中国水利学会的前身为中国水利工程学会，由李仪祉、李书田、张含英、须恺、孙辅世、汪胡桢、张自立等人倡议，于 1931 年 4 月在南京成立。李仪祉为首届会长，李书田为副会长。到 1947 年 10 月，全国共有会员 1674 人，机关会员 27 个。学会先后共召开年会 12 次，出版《水利》月刊 15 卷，并建议成立中国第一个水工实验所。中国水利工程学会在 1949 年终止活动。

中华人民共和国成立后，张含英、须恺等人倡议并邀请水利科技界的代表，于 1956 年 2 月组成中国水利学会筹备委员会，1957 年 4 月召开第一次全国会员代表大会，成立中国水利学会。大会制定了会章，选举了第一届理事会，张含英为理事长。学会只设个人会员，共有会员 2849 人。会章规定，学会地方组织为省（直辖市，自治区）水利学会，并根据需要设立专业学术机构和各种工作机构。

1963 年 10 月，在北京召开了第二次全国会员代表大会，选举了第二届理事会，张含英连任理事长。会员 8000 人，建立了防洪与规划、农田水利、水力发电、河道与港口、水工结构、施工与施工机械化等 6 个专业委员会和科普工作委员会。1966～1977 年学会停止活动，于 1978 年 3 月恢复，当时组成了 36 人的临时常务理事会，张含英任理事长。

1981 年 2 月，在北京举行第三次全国会员代表大会，选出第三届理事会，严恺为理事长。大会选举张含英为名誉理事长，汪胡桢等 19 人为名誉理事。1980 年底，会员已达15000 余人。理事会下属学术机构有水文、泥沙、水文学、岩土力学、水工结构、农田水利、施工、工程管理、水利经济、环境水利、水利史、港口航道等 12 个专业委员会和研究会。

第四次全国会员代表大会于 1985 年 10 月在重庆举行，选举了第四届理事会，严恺连任理事长，并增选了王鹤亭等 31 人为名誉理事。1985 年，会员已发展到 34000 多人。学会增设遥感技术、勘测 2 个专业委员会和水利科技情报、规划、水利量测技术 3 个研究会。学会的工作委员会有《水利学报》编辑委员会、科普工作委员会、科学技术咨询服务中心委员和国际合作交流工作委员会。

5.3.3 武汉大学（武汉水利电力学院）

武汉水利电力学院是中国一所培养水利、电力专门人才为主的多科性理工科高等学校，全国重点高等学校，属水利电力部主管，其任务是培养研究生、本科学生、专科学生，开展以应用科学为主的科学研究。院址在湖北省武汉市珞珈山，校庆日是 12 月 1 日。

武汉水利电力学院的前身是武汉水利学院。武汉水利学院由武汉大学、湖南大学、广西大学、南昌大学、河南大学、华南工学院、江西农学院、武昌中华大学等院校的水利系（科）以及天津大学、华东水利学院、沈阳农学院、河北农学院等院校的农田水利专业合并，成立于 1954 年。1959 年，增设电力类专业，改名武汉水利电力学院。1965 年，北京电力学院的部分专业并入武汉水利电力学院。

武汉水利电力学院设 11 个系、3 个部：即农田水利工程系、河流力学及治河工程系、水利水电工程建筑及施工系、建筑工程系、机械工程系、电力工程系、水能动力工程系、热能动力工程系、基础科学系、管理工程系、社会科学系以及研究生部、体育课部和函授部。本科修业年限为 4 年，专科修业年限为 2～3 年，攻读硕士、博士学位研究生修业年限各为 2～3 年。武汉水利电力学院还设水利水电、水利施工、机电排灌、农田水利、水资源及水能动力、河流泥沙、电力科学、社会科学 8 个研究所。另有外语培训中心、电化教育中心、计算中心、勘测设计院、对外科技协作办公室、出版部、印刷厂、机械厂与电力设备等。1984 年，在该院建立学院，培养从事水利电力管理工作的在职干部。

1954～1986 年，武汉水利电力学院共毕业本科和专科学生 18641 人，研究生 365 人，函授生 2237 人，留学生 86 人。举办各种短期培训班和进修班共 360 期，培训干部和工人 2 万余人。教师主编高等学校教材、教学参考书、科技书共 135 种。

武汉水利电力学院在农田水利、地下水、河流力学及治河工程、高坝岩基和地下建筑、水利水电施工、大机组水处理、环境保护、高电压技术等方面开展科学研究工作。1954～1984 年，承担科学研究项目 1120 项，取得成果 500 多项，其中获国家级奖 15 项，部、省级奖 75 项。

1978～1986 年，武汉水利电力学院先后邀请了 8 个国家的学者来院讲学、访问；选派多名教师到 12 个国家进修学习、讲学、考察；与美国艾奥瓦大学、科罗拉多州立大学、英国南安普敦大学、威尔斯大学斯旺西学院建立了合作关系；聘请 4 名其他国家学者为名誉教授，每年还聘请其他国家文教专家来学院任教。

参 考 文 献

1 郑连第，谭徐明，蒋超．中国水利百科全书·水利史分册．北京：中国水利水电出版社，2004
2 姚汉源．中国水利史纲要．北京：水利电力出版社，1987
3 武汉水利电力学院《中国水利史稿》编写组．中国水利史稿．北京：水利电力出版社，1979
4 长江流域规划办公室《长江水利史略》编写组．长江水利史略．北京：水利电力出版社，1979
5 水利部黄河水利委员会《黄河水利史述要》编写组．黄河水利史述要．北京：水利电力出版社，1984
6 姚汉源．中国水利发展史．上海：上海人民出版社，2005